国家“十四五”重点研发计划项目（2023YFC3009400）资助

智能建造应用指南

房霆宸　龚　剑　编著

中国建筑工业出版社

图书在版编目（CIP）数据

智能建造应用指南 / 房霆宸，龚剑编著. -- 北京 ：
中国建筑工业出版社，2025. 6. -- ISBN 978-7-112
-30901-6

Ⅰ. TU74-39

中国国家版本馆 CIP 数据核字第 2025RZ8896 号

智能建造作为工程建设行业转型发展的一种新兴建造技术，已成为行业发展的关键和趋势。本书介绍了智能建造基本概况，梳理了智能建造在管理、设计、施工、施工装备、项目管理、运维、成本工效方面的问题及对策，对典型智能建造案例进行了分析，并展望了智能建造发展方向。本书内容精炼，具有较强的实用性和可操作性，可供行业从业人员参考使用。

责任编辑：王砾瑶
责任校对：赵　力

智能建造应用指南
房霆宸　龚　剑　编著
*
中国建筑工业出版社出版、发行（北京海淀三里河路 9 号）
各地新华书店、建筑书店经销
霸州市顺浩图文科技发展有限公司制版
北京云浩印刷有限责任公司印刷
*
开本：787 毫米×1092 毫米　1/16　印张：8¾　字数：163 千字
2025 年 6 月第一版　　2025 年 6 月第一次印刷
定价：**68.00** 元
ISBN 978-7-112-30901-6
（44072）

如有内容及印装质量问题，请与本社读者服务中心联系
电话：（010）58337283　QQ：2885381756
（地址：北京海淀三里河路 9 号中国建筑工业出版社 604 室　邮政编码：100037）

《智能建造应用指南》编委会

前言

PREFACE

智能建造作为工程建设行业转型发展的一种新兴建造技术，已成为行业发展的关键和趋势。智能建造强调采用智能化技术、装置、装备来代替人实施一些复杂的工作，具有人机交互、自主学习、自主分析、自主优化、判断、预警、决策等优势。发展应用智能建造的初衷是采用智能化技术与装备来代替建筑作业人员的施工作业，把人从工程建造中烦琐、高危、劳累的工作中解脱出来，实现工程建造的降本赋能、提质增效。故智能建造在工程建设领域的应用，可以很好地提升工程建造质量和管理效率。

近年来，在工程大数据分析与处理、工程大数据驱动的智能算法开发、智能建造成套技术与装备、智能机器人、智能运维与管理等方面，国内外相关专家学者开展了大量智能建造研究与应用工作，取得了一些智能建造研发与应用经验，内容涵盖智能建造管理、智能化建筑设计、智能化施工建造、智能化运维管理等工程建设全过程。但受限于工程建设行业整体发展水平以及关联行业发展现状的限制，我国的智能建造发展研发与应用仍存在一定不足和需要改进的地方。

鉴于此，本书依托承担的国家“十四五”重点研发计划项目（2023YFC3009400）、上海市科技计划项目（22dz1201700）、上海人才发展资金（2021052）资助，组建了以上海建工集团中央研究院技术总监房霆宸、上海建工集团股份有限公司首席专家龚剑为主编，以华中科技大学周诚教授和方伟立教授、中国建筑设计研究院有限公司张蔚教授级高工、浙江省建设投资集团股份有限公司金睿教授级高工、青岛理工大学崔维久老师、同济大学崔满教授级高工以及上海建工集团股份有限公司吴小建教授级高工、黄玉林教授级高工等为副主编，同时联合了武汉大学毛庆洲教授、东南大学李德智教授和王骞教授、上海应用技术大学丁文胜教授、中国建筑科学研究院有限公司胡家僖教授级高工和许鹏鹏教授级高工、华东交通大学丁海滨老师等业内知名专家学者，通过系统梳理工程建设行业智能建造研发与应用经验，编写了这本《智能建造应用指南》，以期为业内同行开展相关研究与应用工作提供参考和借鉴。

囿于作者知识所限，书中难免有不足和不对的地方，敬请各位读者批评指正。

目录

CONTENTS

第1章 智能建造基本概况

1.1 智能建造应用背景

改革开放以来，我国城市现代化建设步伐加快，工程建设行业得到了快速发展。期间，一座座高楼大厦拔地而起、一项项基础设施批量投入使用，人民的居住水平和生活环境得到了显著改善。但随着各类城市建筑工程、市政工程、基础设施工程的不断新建和完善，我国城镇化的建设也将逐步由增量时代发展到存量时期，工程行业也面临转型发展、升级改造的阵痛。

回顾工程建设行业近四十年的发展历程，可以说我国已是世界建造大国，其发展也从早期的传统粗放式、经验式建造模式逐步发展为现在的采用数字化技术来表达、分析、计算、模拟、监测、控制工程建设过程的数字化建造模式时期，并逐步往以大数据驱动、AI算法赋能的智能化建造方向发展。尤其是2020年7月，住房和城乡建设部等十三个国家相关部委联合颁发的《关于推动智能建造与建筑工业化协同发展的指导意见》，更是有力推动和促进了我国智能建造领域的发展。智能建造已成为行业发展的关键和必然趋势，也是我国实现建造强国的重要途径，建筑施工与智能化技术的深度融合必将极大促进传统工程建设行业的体系重构和动力改革，切实推动工程建设行业的智能化转型升级[1-3]。

然而，就目前智能建造发展现状而言，多以点上研发与应用为主，比如大数据技术、工程组网技术、人工智能算法、工程机器人、3D打印建造、信息化管理平台、智慧工地、智慧运维等智能化技术在工程建设过程中已得到了不同程度的应用和推广，其对工程建设的发展带来了很大的惊喜和促进作用，但这些离真正的智能建造还有很大的差距，至少还未从面上成体系研发和应用智能建造技术。如何进一步发展和应用智能建造技术，已成为我们亟待思考和解决的问题[4-6]。

数字化建造的关键是构建一体化连续数据流，以数据流和数控软件、数控工艺、数控装备实现工程建设的数字化。而要发展智能建造，需要充分发挥和利用在数字化建造过程中会产生大量的工程数据，通过对这些工程数据进行统一的有序采集、整理，总结分析其规律和趋势，建立数控方程，开发智能算法，建立智能算力中心，分类分项地以智能化算法赋予相关技术、装备与设备设施智能化属性，基于此提升工程建设的智能化水平[4-6]。

1.2 智能建造应用实施要点

智能建造作为一种新兴技术，强调采用智能化技术、装置、装备来代替人实施一些复杂的工作，具有人机交互、自主学习、自主分析、自主优化、判断、预警、决策等优势，其在工程建设领域的应用可以很好地提升工程建造质量和管理效率。智能建造应用实施的重点是要做好大数据分析处理与智能算法开发、智能建造关键技术与装备的算法赋能、智能建造的工程管理与软件系统融合应用等工作，以智能化算法赋能智能建造关键技术、装备、系统的智能化赋能。

（1）做好大数据分析处理与智能算法开发

智能化建造的核心是充分发挥和利用大数据技术，并基于大数据库形成智能化算法，以算法赋能技术与装备智能化属性。其应用实施的关键：一是要建立科学的工程通信组网，统一工地现场的通信设备、通信网络、感知传感器、数据格式、数据处理系统，对不同建造过程应用场景所产生的工程数据进行统一的识别、采集、传输存储、分析和应用。二是要建立工程大数据库，通过海量工程数据的分析和处理，梳理工程建设的业务逻辑和工艺流程，寻找其应用实施规律和演化趋势。三是要建立数控方程和智能算法，在此过程中还要不断补充完善和训练工程数据，依托智能算力的能力，结合实体建造需求将 AI 算法与各类技术、装备进行深度融合，赋予其智能化属性。四是要建立强大的智能算力中心，提升数据分析和系统处理能力，以强大的算力支撑大数据的推演和智能算法的开发。

（2）做好智能建造关键技术与装备的算法赋能

智能建造业务实施应用的重点是将智能化技术与工程实体及其建造过程所涉及的人员、机械、环境、材料、方法等关键要素相关的专项智能化技术和装备进行深入融合。其应用实施的关键：一是要做好智能建造关键通用共性技术研发与应用，重点选择标准化作业程度高、工业化作业实施便捷的场景进行挖掘。通过有选择地将工程共性技术排列组合式地与个性化业务需求进行融合，开发一些满足量大面广工程建设场景需求的智能建造专项技术。二是要做好标准模块化智能装置装备的研发与应用，重点结合工程各工艺环节重复作业多、人员不便作业等场景的工业化建造装置装备研发，逐步实现以智能化建造装置装备来代替人工作业的业务实施路径。通过可组合式的标准模块化智能装置装备开发，有选择地将通用性高的小装置、小装备与个性化业务需求进行排列组合式融合，开发一些满足量大面广工程建设场景需求的智能建造专项装置和装备。三是将智能算法与智能化建造关键共性技术、装置、装备进行深度融合，不断迭代升级相关技术、装置、装备，不断优化、改进和提高其工程适用性、安全性和经济性。

（3）做好智能建造的工程管理与软件系统融合应用

智能建造业务流程管理工作的重点是将智能化技术与工程建设过程中的各项业务管理软件平台系统进行深度融合。其应用实施的关键：一是要根据业务需要，以智能化算法对工程实体建造过程所涉及的深基坑施工监控、模架装备施工监控、大体积混凝土施工监控等各类专项施工管理软件平台系统进行赋能，提升其监控的准确性、时效性和主动响应能力。二是要从项目建设整体管理流程上，智能化算法对工程实体建设以外的沟通协调、方案审批、进度管控、质量安全监控等业务管理流程进行赋能，通过智能化技术的辅助管理，从项目级、企业级、行业级多个层面研究提高工程项目协同管理效率。三是要做好各类专项平台系统和整体协同管理平台系统的更新迭代和算法更新工作，如果我们的算法、标准依据、业务流程设置得科学合理，那么智能化技术可以很好地辅助工程建造业务流程管理，但是如果我们不及时做好更新维护和迭代升级工作，所开发的智能化平台系统有可能不适用于实际工程建设需求，有时甚至会给出一些错误的管理指示，这对于工程建设来说是致命的，所以我们对于智能化平台系统的应用要有选择地、理性地对待，方可充分发挥其辅助管理功能。

第 2 章 智能建造问题及对策

2.1 智能建造管理问题及对策

问题 1：人工智能与工程建设行业的关系，具体包括哪些内容？

人工智能是推动工程建设行业工业化转型的核心力量。当今，我国的工程建设行业已经开始从工业化向信息化、智能化迈进，通过深度融合人工智能技术与工程建设学科知识，工程建设行业正走向智能化、自动化的新时代。通过 AI 增强智能设计与智能建造，为工程建设行业赋能新质生产力是工程建设行业转型升级的必由之路。

智能建造是将先进的信息技术和先进的生产技术相融合的新型建造方式。通过人工智能相关技术，构建智能化系统，提高建造过程的智能化水平，减少建筑过程对人的依赖，以提高工程项目的性价比和可靠性。智能建造涵盖了建筑物全生命期的三大阶段：建设、交付和运营。

当今工程建设行业面临三种趋势：工业化、绿色化、数智化。工程项目的工业化建造，指通过现代化的制造、运输、安装和科学管理的生产方式，来代替传统工程建设行业中分散的、低水平的、低效率的手工业生产方式。它的主要标志是工程设计标准化、构配件生产工厂化、施工机械化和组织管理科学化。

绿色化是指在工程项目全生命期内，节约资源、保护环境、减少污染，为人们提供健康、适用、高效的使用空间，最大限度地实现人与自然和谐共生的高质量工程。

绿色建造的核心理念是可持续发展。

数智化包括两方面，数字化和智能化，前者侧重于对信息资源的形成与调用，以实现对信息的获取和管理。后者侧重于对知识的获取并应用于工作过程，使机器具备感知、思维与判断、自适应学习、有效执行等功能，实现对知识的提效与增值。

智能建造技术包括传感与检测技术、大数据与人工智能技术、虚拟现实与增强现实技术以及机器人与自动化技术。传感与检测技术可以通过各种传感器，如温湿度传感器、压力传感器、烟雾传感器等，实时监控工程结构与环境变化，使得工程监控更加精准及时，帮助防范潜在威胁。大数据与人工智能技术为智能建造提供了强大的分析和决策支持能力，可用于设计优化、进度管理、风险评估、建材选择、工艺优化等方面。虚拟现实与增强现实技术，通过创造虚拟空间，可以让设计师对工程设计进行实时修改和评估，提供施工指导、定位和质量检测，同时，还可以为客户提供沉浸式体验和可视化的交互界面。机器人与自动化技术，可以替代人工完成重复、危险和高精度工作，对各种工程设备进行智能控制，提高劳动效率和安全性。

智能建造技术在工程建设行业的具体应用，包括智能化工程设计、智能施工与装配式、智能检测与维护、智能能源管理等。随着工程建设行业及其关联行业的快速发展，智能建造已经在各大工程项目得到广泛而深入的发展。

问题 2：如何发展和应用支撑智能建造的大数据分析与处理技术？

大数据分析与处理技术是指对海量、复杂的数据进行收集、存储、处理、分析和挖掘的技术体系，具有数据量大、类型多样、处理速度快和价值密度低等特点。该技术的应用，可以帮助企业和管理人员从海量数据中提取有价值的信息，为各类决策提供支持。

（1）主要应用实施方法

要充分发挥和应用大数据分析与处理技术支撑智能建造落地应用实施，应在工程建造过程中重点做好以下工作：

1）做好数据驱动的决策支持。智能建造依赖于大量的实时数据来支持决策过程，大数据分析技术能够从各种数据源［如物联网设备、传感器、建筑信息模型（BIM）等］中提取有价值的信息，通过数据分析模型对施工过程进行实时监控、预测和优化，帮助项目管理人员做出更科学的决策。

2）做好基于大数据分析的建设推演和建设过程优化工作。在智能建造中，大数据分析可以通过对工程历史建设数据的分析，识别出工程建设过程中的关键影响因素和潜在的风险点。通过机器学习和数据挖掘技术，可以提前预判工程建设演化过程进而优化建设流程，减少建设时间和成本，提高建设质量。

3）做好基于大数据分析的工程风险预测与管理。大数据技术可被用于分析工程建设过程中的各种风险因素，如地质条件、气候变化、设备状态等。通过对这些数据的分析，可以提前识别出潜在的风险，并采取相应的预防措施，降低风险对施工项目的影响。

4）做好基于大数据分析的资源管理与调度工作。智能建造中的资源管理（如人员、设备、材料等）可以通过大数据分析进行优化。通过对资源使用情况的数据分析，可以提高资源的利用率，减少浪费，同时实现对资源的精准调度。

5）做好建筑全生命周期数据管理。大数据技术不仅仅在施工阶段发挥作用，还可以延伸到建筑的全生命周期运营管理。从工程设计、建造到运营和维护，大数据分析技术可以帮助管理者跟踪建筑物的性能、能耗等关键指标，优化建筑物的运行效率，延长建筑物的使用寿命。

6）做好基于大数据的工程设备智能化、自动化控制。在智能建造中，许多施工设备已经具备了智能化和自动化功能。大数据分析技术可以对这些设备的数据进行实时处理，从而实现对施工设备的自动化控制，优化设备的运行效率，并减少人工操作的需求。

7）做好基于大数据分析的工程建设安全管控。通过对工地视频监控数据、传感器数据等的实时分析，大数据技术能够帮助识别潜在的安全隐患，并及时发出预警，确保施工现场的安全性。

8）做好基于大数据分析的客户需求精准匹配。在建筑设计和施工中，大数据分析可以帮助更好地理解客户需求，通过分析客户的反馈和市场数据，智能建造能够提供更符合客户需求的建筑方案，实现个性化定制。

（2）发展和应用重点

要发展和应用支撑智能建造的大数据分析与处理技术，需要从建筑的勘察、设计、施工和运维四个生命周期阶段入手，逐步推进各个环节的技术创新和实践应用，确保建筑项目的全流程管理更加智能化和高效化。

1）勘察阶段：大数据技术的应用首先体现在数据采集与处理上。传统的地质勘察方法往往依赖于人工测量和现场经验，而大数据技术可以通过集成多源数据，如地质、气象、环境传感器等，统一数据标准、汇总多方数据建立一个统一的勘察数据平台。这不仅提高了数据的采集效率，还能通过自动化的数据处理技术，如无人机勘测、地质雷达等，减少人为误差，提高数据精度。同时拥有一个统一、规范、完整的数据平台，是研发面向建造技术领域数据分析和计算模型的基础。如可以通过分析历史勘察数据和实时环境数据，系统地识别潜在的地质和环境风险，例如滑坡、地震或洪水等自然灾害。这种预测能力使得决策者能够提前制定应对策略，减少潜在的施工风险，提高项目的安全性和可持续性。

2）设计阶段：大数据技术可以通过集成和分析多源数据，如历史项目数据、客户需求、市场趋势等，优化设计流程和方案。传统的设计往往依赖于设计师的经验和有限的数据支持，而大数据可以提供广泛的数据基础，帮助设计团队更好地理解市场需求和客户偏好，从而提供更加个性化和高效的设计方案。大数据分析还可以通过设计模拟技术，预测施工过程中的关键路径和瓶颈，提前在设计阶段进行调整，避免后续施工中的问题。例如，利用历史施工数据进行设计验证，确保设计的可施工性和经济性，减少施工过程中的设计变更和返工，节约时间和成本。同时近期工程管理的最新研究提出了将大数据技术应用于支持全生命周期设计的理念。设计阶段，通过分析建筑物未来的使用数据和维护需求，可以在设计中预留优化的空间，确保建筑在运维阶段的高效运营。这种面向全生命周期的设计不仅提高了建筑的长期使用价值，还减少了后期的维护和改造成本。

3）施工阶段：大数据技术的应用主要体现在施工过程的实时监控与优化上。通过集成施工现场的各种数据源，如设备状态、工人行为、天气条件等，大数据分析可以实时监控施工进度、质量和成本，并通过智能化决策系统进行动态调整。这样可以确保施工资源的合理分配，减少资源浪费，并在遇到问题时迅速调整施工计划，避免项目延误和预算超支。进一步地可以开发相应的风险评价模型在风险管理中发挥重要作用。通过实时分析施工现场的数据，识别可能的安全隐患，例如设备故障、人员危险操作等，并及时发出预警信号，防止事故发生。这种基于数据的风险管理策略不仅提高了施工现场的安全性，还减少了施工事故对项目进度和成本的影响。智能化施工设备的应用也是大数据技术在施工阶段的重要体现。通过数据驱动的自动化设备，如自动铺路机、3D打印建筑技术等，大数据分析可以优化施工流程，减少人工操作和施工误差（如定位精度等），提高施工质量和效率。这些技术的发展使得施工过程更加精确和高效，推动建筑行业向智能化和自动化的方向发展。

4）运维阶段：大数据技术的应用主要集中在建筑的长期运营管理和维护上。随着建筑物的使用时间增长，各种运营数据，如能耗、设备状态、使用情况等，都会不断累积。通过大数据分析，这些数据可以用来优化建筑的能源管理、设备维护计划等，确保建筑的高效运营，降低运营成本。通过分析建筑物的能耗数据，可以找出节能的优化方案，实现建筑的绿色运营；通过对设备运行数据的分析，提前预测设备的维护需求，避免设备故障造成的运营中断。大数据技术还可以支持建筑的智能化管理系统，如智能照明、空调系统等，通过数据分析优化这些系统的运行策略，提升建筑的舒适性和用户体验。当前国内外的前沿研究将大数据分析用于支持建筑物全生命周期的管理，通过对建筑物长期运营数据的分析，可以不断优化建筑的运营策略，提高建筑的使用寿命和价值。这种面向全生命周期的管理理念，不仅有利于提升建筑的经济性和可持续性，还可为建筑行业的未来发展奠定数据基础。

数据分析与处理技术在建筑的勘察、设计、施工和运维四个生命周期阶段中，都具有广泛而深入的应用前景。通过系统化的技术发展和应用，可以显著提升建筑项目的管理水平，实现智能化、数据驱动的建筑全生命周期管理，推动建筑行业向更高效、更安全、更可持续的方向发展。

问题 3：如何发展和应用支撑智能建造的图像识别与感知技术？

支撑智能建造的图像识别与感知技术是指利用计算机视觉技术对施工现场的图像信息进行采集、处理和分析，以实现对施工环境的智能感知、监测、分析和决策支持。此项技术能够提高施工过程的自动化和智能化水平，优化施工管理流程，进而提升施工质量和安全水平。

发展和应用图像识别与感知技术支撑智能建造的关键：一是加强图像识别算法的研究与开发，提高算法的准确性和鲁棒性，以适应多变的施工现场环境；二是整合多源数据，包括 RGB 图像、深度图像、全景图像、传感器数据等，实现数据的融合与分析，为智能决策提供全面的信息支持；三是开发适应不同施工场景的专用图像识别系统，通过定制化的解决方案满足特定需求；四是加强与机器人技术、物联网技术等的集成应用，形成综合的智能建造解决方案。

其中，图像识别与感知技术在智能建造中的应用重点工作和优势如下：

（1）图像识别技术在施工监测中的应用

1）实时监控施工进度：图像识别技术可以部署在施工现场的关键位置，通过摄像头捕捉施工画面，利用算法分析施工进度。这些算法能够识别施工材料的移动、施工设备的使用情况以及施工人员的活动，从而实时更新施工进度信息。通过与预设的施工计划进行对比，图像识别系统能够及时发现进度延迟或超前的情况，并通知项目管理人员，以便采取相应的调整措施。

2）自动识别施工安全问题：通过图像识别技术，可以设置特定的安全监测算法，用于识别施工现场的潜在安全风险。例如，图像识别系统可以检测施工人员是否正确佩戴安全帽、安全带，或者是否在指定的安全区域内工作。如果检测到违规行为，图像识别系统会自动发出警告，并通知现场安全员进行干预，从而降低事故发生的可能性。

3）监测施工质量：图像识别技术能够对施工过程中使用的材料和结构进行质量检测。例如，通过分析混凝土浇筑后的表面纹理，可以评估其密实度和均匀性。此外，对于钢结构的焊接质量，图像识别技术也能够识别焊接缺陷，如气孔、裂纹等，确保施工质量符合标准。

（2）图像识别技术在施工管理中的应用

1）优化资源配置：图像识别技术可以分析施工现场的资源使用情况，如材料的堆放位置、使用频率和剩余量，以及施工设备的使用效率。进而实现资源的有效调度，减少浪费，确保施工材料和设备得到合理利用。

2）提高施工效率：图像识别技术可以减少人工巡查和检查的时间，通过自动识别施工过程中的关键参数和状态，指导施工作业。例如，图像识别系统可以实时监控施工设备的运行状态，预测潜在的故障，并在问题发生前进行维护，从而减少设备停机时间。

3）辅助决策支持：图像识别技术提供的数据可以辅助施工决策。通过分析施工过程中收集的大量图像数据，管理人员可以更好地理解施工进度、资源使用和安全状况，从而做出更加科学和合理的决策。

（3）图像识别技术在施工安全中的应用

1）实时监控施工现场的安全状况：图像识别技术可以实时监控施工现场的安全状况，如施工人员的行为、设备的安全运行状态等。一旦发现潜在的安全隐患，系统可以立即发出警告，并指导现场人员采取预防措施。

2）通过图像识别技术辅助安全培训：图像识别技术可被用于安全培训中，通过模拟施工现场的图像，让施工人员在虚拟环境中学习和练习安全操作。这种培训方式可以提高施工人员的安全意识和操作技能，减少实际操作中的错误。

3）建立施工安全数据库：通过图像识别技术收集和分析安全事故案例，可以建立一个施工安全数据库。这个数据库可被用于分析事故原因，制定预防措施，并为未来的施工安全提供参考。

（4）图像识别技术的主要优势

1）提高监测的实时性和准确性：图像识别技术可以实时捕捉施工现场的图像，并快速分析，提供准确的监测结果。这减少了人为因素的干扰，提高了监测的可靠性。

2）降低施工成本：通过自动化监测，图像识别技术减少了对人工巡查的依赖，从而降低了施工成本。自动化图像识别系统可以24h不间断地工作，提高了监测的效率。

3）提升施工质量和安全水平：图像识别技术通过智能分析和预警系统，能够及时发现施工过程中的问题，包括进度偏差、安全隐患和质量问题。这有助于及时采取措施，提升施工质量和安全水平。

问题4：如何发展和应用支撑智能建造的工程物联网技术？

工程物联网是通过工程要素的网络互联、数据互通和系统互操作，实现建造资源的灵活配置、建造过程的按需执行、建造工艺的合理优化和建造环境的快速响应，从而建立服务驱动型的新工程生态体系。

发展和应用工程物联网技术辅助工程施工的关键：一是数据泛在感知，包括现场人员、机械设备、原料及构件、工艺与工法、施工环境、建筑产品等工程要素状态信息；二是网络通信，涉及网络架构及通信技术等，一般通信技术包含现场总线、以太网等有线网络与5G等无线网络；三是信息处理，涉及信息处理架构及处理方法等，一般处理架构包含云计算与边缘计算等，处理方法包含机器学习、深度学习方法等；四是决策控制，一般包括决策控制系统及决策控制装置等。依据上述四个要点，搭建“感、传、智、控”的工程物联网。

其中，应用工程物联网的重点工作如下：

（1）数据泛在感知的主要内容

1）依据现场施工及管理业务需求，制定人、机、料、法、环、品等工程要素数据的采集方案，包括：传感器的类型、数量、布置位置、安装方式、供电方式、通信方式、三防要求等。

2）依据现场施工的进度安排，在作业前进行相关传感器的部署与调试，确定数据的采集频率与连续性，保障使用过程的可靠性。

3）建立相关的组织保障制度，按照固定技术人员对传感器的使用过程进行巡查与维护。

（2）网络通信的主要内容

1）建立工程施工过程的网络通信架构。为契合工地现场具有时空变化的特点，网络通信一般采用有线网络和无线网络集成的方式。

2）有线网络一般包含现场总线、以太网等，一般作为工地通信的基础网络，建立现场关键设备之间及其与更高控制管理层次之间的联系，具有全数字化通信、开放型互联网络、互可操作性与互用性、现场设备的智能化、系统结构的高度分散性、对现场环境的适应性的特点。

3）无线网络一般包含蓝牙、Wi-Fi、4G/5G等，具有节省线路布放与维护成本，组网简单（支持自组网，不需要考虑线长、节点数等制约）的优点。

（3）信息处理的主要内容

1）建立工程信息处理的架构。为契合工程数据具有的海量性、异构性、图形化的特点，信息处理架构一般采用云计算和边缘计算相结合的方式。

2）云计算是一种集中式的服务，将所有采集的工程数据都通过网络传输到云计算中心进行统一处理，适用于如工地资源调度、系统安全风险分析等对算力要求较高的信息处理任务。

3）边缘计算是指在靠近物或数据源头的一侧，采用网络、计算、存储、应用核心能力为一体的开放平台，就近提供最近端的服务，适用于如结构应力分析、人员行为识别等单一的、对及时性要求高的处理任务。

（4）决策控制的主要内容

1）建立分阶梯的工地决策控制系统，一般包括：组织级、协调级、执行级。其中，执行级负责控制及传递任务，协调级负责协调控制各子任务执行，组织级监督并指导协调级和执行级所有行为。

2）设计并部署具有工地适应性的控制装置，例如：可穿戴式的工人防护服；智能化的工程机械；感知与预警一体的传感器设施等。

问题5：如何发展和应用支撑智能建造的工程组网技术？

工程组网技术是结合已有的有线及无线组网技术，在充分考虑工地现场信号干扰大、环境变换快等特点所提出的组网技术，进而实现工地现场“人、机、料、法、环、品”等数据的采集。

发展和应用工程物联网技术辅助工程施工的关键是：聚焦无线组网方法，一是组网设施应具有一定的信号穿透能力及使用寿命，以适应作业活动周期及大规模部署需求，能克服信号衰弱、碰撞、阻塞、噪声干扰等因素；二是组网节点应具备网络拓扑结构的控制和优化调整能力，能有效消除工程探测阴影和覆盖盲区；三是组网结构应面向多用途、多目标的传感器融合感知模式，以支持不同形式数据的按需分发；四是组网安全应形成工程化的互联互通标准，以提高网络传输安全性，避免数据信息泄露丢失等问题。

其中，发展工程组网的主要内容如下：

(1) 组网设施性能的主要内容

1）设施应选择穿透能力强的信号源。

2）设施应采用“防水、防尘、防电”等设计方法，应采用现场易于安装、启动、携带的设计，应具有独立供电并使用的能力。

(2) 组网节点的主要内容

1）应设计具有拓扑结构的网络结构，能够通过不同网络节点的连接实现工地现场信号的全覆盖。

2）组网节点应具有自组优化的能力，能够满足当某一网络节点损坏时，可快速调整为其他网络节点通信。

(3) 组网结构的主要内容

1）面向数据采集及应用建立“云边端”协同的组网结构，满足工序、工地、企业响应需求。

2）组网结构应充分考虑工地现场的异构特征，以实现不同体量数据的传输同时不造成资源的浪费。

(4) 组网安全的主要内容

建立标准化数据传输协议，采用区块链等方法保障组网通信安全。

问题6：如何发展和应用支撑智能建造的人工智能算法？

人工智能算法在智能建造中的应用是指利用机器学习、深度学习等技术，对建造过程中产生的大量数据进行分析和处理，以实现自动化设计、施工监控、资源优化和风险预测等功能。这些算法能够提高建造过程的效率、质量和安全性，同时降低成本和环境影响。

发展和应用人工智能算法支撑智能建造的关键：一是加强算法的基础研究，提高算法的泛化能力和适应性，使其能够处理复杂的建造环境和任务；二是结合具体的建造场景，开发定制化的算法模型，以满足不同建造需求；三是推动算法与物联网、大数据、云计算等技术的集成，实现数据的高效采集、处理和分析；四是加强算法的安全性和隐私保护，确保建造过程中数据的安全和合规使用。

其中，人工智能算法在智能建造中的应用重点工作和优势如下：

(1) 人工智能算法在自动化设计中的应用

1）通过机器学习算法，分析历史设计数据，辅助设计师进行方案生成和优化：机器学习算法能够从历史设计案例中学习设计模式和原则，为设计师提供创新的设计方案建议。

2）利用深度学习技术，实现对设计规范和标准的自动理解和应用，提高设计效率和准确性：训练深度学习模型以识别和理解设计规范文档中的文本和图像内容，进而实现自动提取关键信息，确保设计方案合规性。

3）结合计算机视觉和图像识别技术，自动检测和修正设计图纸中的错误和遗漏：计算机视觉技术可以分析设计图纸中的图像内容，识别出设计元素的位置、尺寸和属性。检测图纸中的不一致性，减少设计错误返工。

(2) 人工智能算法在施工监控中的应用

1）利用机器学习算法，对施工过程中的图像和传感器数据进行实时分析，监测施工进度和质量：机器学习算法可以处理来自施工现场的大量数据，如图像、温度、湿度和振动等传感器数据。通过实时分析这些数据，算法能够监测施工进度是否符合计划，以及施工质量是否达到标准。

2）通过预测性维护算法，预测施工设备的状态，提前进行维护，减少故障和停机时间：预测性维护算法使用历史维护数据和实时设备性能数据来预测设备可能发生的故障。

3）应用自然语言处理（NLP）技术，分析施工日志和报告，自动生成施工进度报告和风险评估：自然语言处理技术可以解析施工日志和报告中的文本信息，提取关键数据和趋势。

(3) 人工智能算法在资源优化中的应用

1）通过优化算法，对施工资源（如材料、设备、人力）进行智能调度和分配，提高资源利用效率：优化算法，如遗传算法或线性规划，可被用于模拟和优化施工资源的分配。

2）利用机器学习模型，预测施工过程中资源需求和消耗，实现资源精细化管理：基于历史数据和实时信息预测施工过程中的材料设备等需求。

3）通过计算机仿真技术创建施工过程的虚拟模型，模拟不同的资源配置和施工策略，以评估不同资源配置方案的效果，为决策提供支持。

（4）人工智能算法在风险预测中的应用

1）应用机器学习算法，分析历史事故数据，识别施工过程中的潜在风险因素：机器学习算法可以分析历史事故报告和施工数据，识别出导致事故的常见因素，如特定的施工活动、环境条件或设备类型。

2）利用深度学习技术，对施工环境进行实时监测，预测可能发生的安全事故：深度学习模型，如循环神经网络（RNN），可以处理实时的施工环境数据，如视频监控和传感器读数，可以识别潜在的安全风险。

3）结合大数据分析，评估施工风险，为风险管理和应急响应提供决策支持：大数据分析技术可以整合和分析来自多个来源的施工数据，包括设计文件、施工日志和环境监测数据。

（5）人工智能算法的主要优势

1）提高决策的科学性和准确性：人工智能算法通过分析大量数据，提供基于证据的决策支持，减少人为偏见和错误，提高决策的质量。

2）提升建造过程的自动化和智能化水平：自动化算法可以执行重复性和复杂的任务，减少人工操作的需求，提高建造过程的效率和质量。

3）增强建造过程的适应性和灵活性：人工智能算法能够学习和适应新的数据和环境变化，快速调整策略以应对不断变化的建造需求。

4）降低建造成本和风险：通过优化资源配置和风险管理，人工智能算法有助于减少支出和潜在安全风险，提高建造项目的整体经济效益。

问题7：如何发展和应用支撑智能建造的智能算力？

智能算力在智能建造中的应用是指利用先进的计算技术和能力，对建造过程中产生的大量数据进行快速处理和分析，以支持设计优化、施工自动化、资源管理、风险预测等智能建造的关键环节。智能算力是实现建造过程数字化、网络化、智能化的核心支撑。

发展和应用智能算力支撑智能建造的关键：一是加强智能算力基础设施的建设，包括高性能计算中心、云计算平台和边缘计算节点，为智能建造提供强大的数据处理能力。二是推动智能算力与建造行业的深度融合，通过算法优化、模型训练和软件开发，提升建造过程的智能化水平。三是构建智能算力的标准化体系，推动智能算力服务的标准化和模块化，降低应用门槛，促进智能建造的规模化应用。

其中，智能算力在智能建造中的应用重点工作和优势如下：

(1) 智能算力基础设施建设的主要工作

1）规划和建设高性能计算中心，为智能建造提供强大的数据处理和存储能力。设计和实施高效的存储解决方案，配备先进的服务器和网络设备，以确保数据的快速处理分析，同时保证数据的安全性和可靠性。

2）部署云计算平台，提供弹性计算资源和服务，支持智能建造的多样化需求。云计算平台将允许智能建造项目根据实际需求动态调整资源，如计算能力、存储空间和应用软件。

3）发展边缘计算技术，将算力下沉到施工现场，实现数据的实时处理和响应。边缘计算通过在数据源附近进行数据处理，减少了数据传输的延迟，使得施工现场能够即时做出决策。这对于需要快速反应的施工操作至关重要，如自动化机械的协调控制和现场安全监控。

(2) 智能算力与建造行业融合的主要准备工作

1）开发适用于智能建造的算法和模型，提升设计、施工、管理等环节的智能化水平。基于大量的历史数据和实时数据，实现对建造过程中的模式识别、预测分析和优化决策。

2）推动智能建造软件和平台的开发，实现数据的集成、分析和应用。平台集成各种智能建造工具和应用程序，提供一个全面的解决方案，以支持项目的全生命周期管理。

3）加强智能算力与物联网、大数据、人工智能等技术的集成，构建综合的智能建造解决方案。集成多种技术将使得智能建造系统更加强大和灵活。例如，物联网设备提供实时的现场数据，大数据分析揭示隐藏的模式和趋势，人工智能实现自动化决策。

(3) 智能算力在建造过程中的重点工作事项

1）建立数据驱动的决策支持系统，利用智能算力对建造过程中的数据进行分析，提供科学的决策依据。开发先进的数据分析工具和模型，以支持项目管理团队在规划、执行和监控项目时做出基于数据的决策。

2）优化资源配置，通过智能算力对材料、设备、人力等资源进行精准调度和管理。智能算力将使得资源管理更加精细化，通过预测分析和模拟，项目团队可以更好地规划资源使用，并确保资源在正确的时间、地点可用。

3）加强风险预测和管理，利用智能算力对建造过程中的潜在风险进行预测和预警。通过应用机器学习和数据挖掘技术，智能算力可以帮助识别和评估项目风险。

(4) 智能算力在智能建造中的主要优势

1）提高建造效率，智能算力能够快速处理大量数据，加速设计、施工和决策过程。智能算力使得设计迭代更加迅速，施工计划更加灵活，项目管理更加高效，从而缩短项目周期，提高整体的建造效率。

2）提升建造质量，智能算力支持精准的数据分析和模型仿真，有助于提高建造精度和质量控制。通过模拟和验证设计，智能算力有助于减少错误和缺陷，确保施工质量符合标准。此外，它还可以通过监控施工过程来确保质量控制的实施。

3）降低建造成本，智能算力通过优化资源配置和施工流程，减少浪费和提高效率，从而降低成本。智能算力使得资源使用更加高效，减少了材料浪费和不必要的返工，同时提高了施工作业的效率，这些都有助于降低项目的总体成本。

4）增强安全性和可持续性，智能算力有助于及时发现和预防安全风险，同时支持绿色建造和可持续发展。智能算力可被用于监控施工现场的安全状况，预测潜在的安全问题，并采取措施以防止事故发生。同时，它还可被用于优化能源使用和材料选择，支持环保和可持续的建造实践。

问题 8：如何发展和应用支撑智能建造的云边计算？

云边计算通过在工程施工现场部署边缘计算设备，实现低延迟高精度实时处理传感器数据、监控视频和设备状态等信息，快速响应现场需求；同时，利用云端强大的计算能力进行复杂的数据分析、模型训练和全局优化。云边协同使得建筑项目能够实现更高效的实时监控、安全管理和资源优化，从而提升施工质量和管理效率。

在智能建造领域应用云边计算，通过集成云端与边缘计算的优势，对于全面提升工程的施工效率、安全性和精确度具有重要意义。

（1）可以通过在施工现场部署边缘计算设备，实时处理来自传感器、监控视频和设备状态的数据，实现低延迟、高精度的决策支持，如设备故障预警和安全隐患识别，从而快速响应现场变化，提升施工效率和安全性。

（2）应用边缘计算支持智能化施工管理，利用毫秒级的数据处理和实时决策，可使动态调整和风险响应更加迅速，并通过高精度定位技术实现自动化设备的自主导航和精准操作，如精确的混凝土浇筑和自动铺路。

（3）云边协同架构使得分布式风险预测与应急响应成为可能，通过实时监测环境数据（如天气、振动、噪声等），及时识别潜在风险并迅速采取应急措施。

（4）在能耗管理方面，边缘计算实时监控和优化建筑内的能耗设备，云端则通过分析历史数据提供长期节能优化建议，实现高效的能耗管理。

（5）可以使建筑信息模型（BIM）的实时应用得以增强，边缘设备确保施工与设计的一致性，并通过云端综合管理多个项目的 BIM 数据，减少信息不对称导致的返工和错误。

（6）增强现实（AR）和虚拟现实（VR）技术在施工现场的应用也得到了支持，边缘计算处理实时视觉数据，提供沉浸式的施工指导，而云端则处理复杂的 3D 模型，提升可视化管理体验。

（7）数据安全与隐私保护方面，边缘计算在本地处理和存储敏感数据，减少数据上传至云端的需求，并通过先进的加密技术和安全协议，确保数据传输的安全性和完整性。

（8）云边计算优化了资源调度，通过边缘设备实时监控资源使用情况，云端进行全局资源优化和调度，确保资源的最优利用，降低成本，提高施工效率。

在智能建造应用云边技术的重点工作如下：

（1）构建云边协同的弹性架构：发展一个高度灵活和可扩展的云边协同架构，使其能够根据项目规模和复杂性动态调整计算资源分配。这种弹性架构将有助于在不同施工场景下高效应对计算需求，同时降低过度依赖单一计算层级的风险。建议制定标准化接口和通信协议，确保云端与边缘设备之间的无缝协作。

（2）推动边缘计算设备的普及与标准化：推动边缘计算设备的广泛部署，并促进其硬件和软件的标准化，确保不同设备之间的兼容性和互操作性。这将有助于在施工现场更有效地采集和处理实时数据，并支持多种应用场景。建议加强行业合作，推动边缘计算设备的标准化进程，提升其可靠性和易用性。

（3）强化现场数据的智能处理与自适应优化：利用边缘计算的实时处理能力，开发更智能的自适应优化算法，使现场数据处理更具灵活性，能够自动调整处理策略以应对变化的施工条件。这将提升施工现场的响应能力和数据利用效率。建议投资研发智能化数据处理算法，结合 AI 技术，提升现场决策的精准性。

（4）增强云边协同的系统稳定性与安全性：云边计算的成功实施依赖于系统的稳定性和安全性。重点应放在增强边缘计算节点的容错能力，以及建立健全的数据加密和安全传输机制，确保系统在各种环境下的稳定运行。建议开发强健的容错机制和安全协议，特别是针对施工现场的特殊需求进行优化。

（5）开发基于云边计算的智能施工平台：构建一个集成云边计算功能的智能施工平台，支持全生命周期管理，包括从设计到施工，再到运营维护的各个阶段。该平台将提供统一的接口和工具集，支持不同阶段的无缝衔接和数据共享。建议通过模块化设计，使平台能够根据项目需求灵活扩展功能，并支持跨平台的数据互通。

（6）持续推动云边技术的行业应用与创新：鼓励建筑行业广泛采用云边技术，并支持创新应用的开发，特别是在复杂施工环境下的应用创新，如智能化施工机械、无人机监控等。建议设立行业标准和示范项目，推动云边技术在更多建筑项目中的应用，并通过行业合作加快技术创新和应用推广。

问题9：如何发展和应用支撑智能建造的软件平台？

工程软件是智能建造中用于工程设计建模、设计分析以及项目管理涉及的各类平台工具。

发展和应用支撑智能建造的软件平台的关键在于，聚焦不同的软件使用场景进行技术及应用研究：一是工程设计建模软件，是在工程建设项目中将设计人员的设计意图表现为二维、三维图形或模型的软件；二是工程设计分析软件，是建立在数学、力学、工程学、数字仿真技术等多个学科基础上，应用于工程建设领域的数值分析计算软件；三是工程项目管理软件，是工程建设项目各个阶段为确保项目管理任务顺利进行而开发的软件。

其中，发展和应用智能建造工程软件平台的要点如下：

（1）工程设计建模软件主要内容

1）设计建模软件的类型：CAD几何制图软件以及BIM建模软件。

2）设计建模软件的现状：以国外软件产品为主，我国自主可控的工程设计建模软件尚未成熟，其基础研究弱，技术、经验积累少，缺少成熟的图形引擎和数据库引擎。

3）设计建模软件的发展策略：应在规范的支持程度、易用性、稳定性、软件处理速度、可拓展性、功能丰富性等做进一步提升。

（2）工程设计分析软件主要内容

1）设计分析软件的类型：结构分析软件、岩土分析软件和绿建分析软件。

2）设计分析软件的现状：国产工程设计分析软件在结构、岩土、绿建分析方面的发展势态较好，数量虽不如国外软件多，但在高频使用率上均优于国外软件。

3）设计分析软件的发展策略：在分析精确度、分析速度等方面，国产工程设计分析软件仍落后于国外软件，有待进一步提升。

（3）工程项目管理软件的主要内容

1）项目管理软件以实际的应用场景分类为主，包含房建、市政、桥隧等。

2）项目管理软件的现状及发展策略：国产工程项目管理软件在各个工程类别的使用情况大多优于国外软件。我国各软件厂商针对工程管理特定阶段、特定功能开发了不同的管理软件，分别解决特定的问题，但这也导致了在项目建设管理过程中需使用多个软件才能形成完整解决方案。从集成的角度看，由于资源分散造成的数据交互问题，如何有效集成不同的软件平台，建立面向智能建造的更完整生态是项目管理软件发展的重要问题。

问题10：如何发展和应用支撑智能建造的数字孪生技术？

数字孪生（Digital Twin）技术最早由美国国防部提出，用于航天飞行器的健康维护与保障。是一种将物理世界中的实体物体或系统通过计算机模拟技术建模成数字形式，并与其实际运行情况同步更新的先进技术。这些孪生体不仅能反映物理实体的当前状态，还可以模拟和预测其未来行为。数字孪生技术在智能建造领域中的应用，旨在提升建筑全生命周期管理的效率和质量，从规划设计、施工管理到运营维护，为各阶段提供精准的数据支持和决策依据。

发展和应用支撑智能建造的数字孪生技术的关键：一是实时孪生数据采集，通过传统的传感器和基于视觉的传感方法，能够快速捕获物理实体的现实状态。二是物理—虚拟连接，采用通信和数据处理技术，无缝连接物理实体和虚拟模型。三是数字孪生建模，主要涉及三种类型的模型，即几何模型、语义模型和物理模型，从而全面描述物理实体。四是需利用先进的数据分析和人工智能算法，实现对未来场景的分析和预测。这一过程不仅依赖于技术本身的发展，还需智能建造行业各环节的协同合作和标准规范的完善。

（1）实时孪生数据采集

数字孪生技术的基础在于实时数字孪生数据采集，即通过多种传感终端设备获取物理实体的状态数据。包括但不限于与物联网设备（如温度传感器、湿度传感器等）和基于视觉的传感方法（如相机、激光雷达等）能够快速、精准地捕获建筑物、设备及人员的实时状态。这些数据被实时传输到数字孪生系统中，形成数字模型的基础数据。通过持续的数据采集，确保数字模型能够实时反映物理实体的实际状态，为智能建造的精细化管理提供强有力的支持。

（2）物理—虚拟连接

在数字孪生技术中，物理实体与虚拟模型的无缝连接是实现实时监控和分析的关键。通过先进的通信技术（如蓝牙、Wi-Fi、NFC、RFID、ZigBee 和 5G 等）和数据处理技术（如边缘计算、云计算等），能够实现物理实体与虚拟模型之间的实时数据交互。物理—虚拟连接的稳定性和高效性，直接决定了数字孪生技术的实用性和准确性。这种连接不仅能够实现数据的实时传输和处理，还能支持复杂建筑环境下多种数据源的集成，为建造行业的设计、施工和运维提供更加精细化的管理手段。

（3）数字孪生建模

构建准确的数字孪生模型是智能建造的核心。数字孪生建模需要融合几何模型、语义模型和物理模型来全面描述物理实体。几何模型用于反映建筑物的外观和空间结构；语义模型则通过标注和描述建筑物及其组件的功能、用途等信息，提供建筑物的语义理解；物理模型用于模拟建筑物的力学性能、热传导特性、能耗等物理特性。这些模型相互补充，使得数字孪生技术能够从多个维度反映物理实体的真实情况，为智能分析和优化提供多样化的支持。

（4）智能分析与预测

拥有动态更新的高精度数字孪生模型后，智能分析和优化成为可能。通过机器学习、深度学习等人工智能算法，可以对建筑物全生命周期中的各种数据进行分析。例如，通过分析设备的历史运行数据，可以预测设备的故障风险，从而进行预防性维护；通过施工过程仿真，可以优化施工方案，减少资源浪费和施工风险；通过能效分析，可以提出节能优化方案，提升建筑的能源使用效率，为智能建造的每个阶段提供更精准的决策支持。

问题 11：如何发展和应用支撑智能建造的区块链技术？

智能建造的区块链技术是应用于建筑行业中的一种区块链技术，旨在通过去中心化的数字账本和智能合约等技术手段，优化建筑项目的管理流程、提升工作效率、确保数据安全和透明，最终实现建筑行业的智能化和数字化升级。

发展和应用支撑智能建造的区块链技术的关键：一是重点开展区块链关键共性技术研发与应用工作，其关键共有技术包括点对点网络、密码学技术、共识机制、智能合约，通过关键共性技术的研发应用，掌握区块链的核心技术。二是明确区块链在智能建造中的关键应用场景，如供应链管理、工程合同管理、施工过程监控、质量控制等，确保技术应用的针对性和有效性。三是制定区块链技术在智能建造中的应用标准，确保不同区块链系统之间的数据互操作性和技术兼容性。四是不断进行技术更新和迭代，通过实际应用中的反馈，及时调整和优化区块链技术的应用策略，确保技术能够持续适应智能建造中的新需求。

其中，发展和应用支撑智能建造的区块链技术重点工作和优势如下：

（1）发展和支撑智能建造的区块链技术的主要准备工作

1）确定任务场景，明确区块链技术应用的具体需求，确定需要解决的问题和应用场景，如数据不可篡改性、去中心化管理、智能合约自动执行等。

2）选择合适的区块链平台，根据智能建造应用场景选择合适的区块链类型及区块链平台。

（2）发展和支撑智能建造的区块链技术的重点工作事项

1）明确参与主体，根据智能建造的参与主体不同，节点企业主要包括：建设单位节点企业、勘察设计单位节点企业、施工单位节点企业、监理单位节点企业、材料供应商节点企业、政府部门节点企业和其他节点企业等，获取各节点企业的相关信息。

2）明确区块链技术应用的具体需求，设计区块链技术架构，技术架构一般包括数据层、网络共识层、应用层。

3）完成数据层，数据层主要包括智能建造中产生的数据，涵盖了智能建造整个生命周期中的数据。数据记录通过网络传输方式对不同渠道的数据进行采集，并对原始数据进行清洗、融合、封装等加工之后，将其转化为标准数据存储于分布式数据系统中。

4）构建网络共识层，用以封装系统 Peer-to-Peer（P2P）的组网方式、信息传播协议以及数据验证机制、共识算法等要素，这一层的每个节点用户地位平等，不存在中心化的特殊节点和层级结构。

5）构建应用层，通过模型处理、合约控制和环境逻辑等搭建统一的数据账本，为区块链应用开发用户友好的界面，以便于各节点用户围绕其进行交互应用。

（3）发展和应用支撑智能建造的区块链技术的主要优势

相比传统的数据库，区块链技术具有高度可靠、公开透明、来源明确等优势。区块链中的信息在共识算法与密码学技术的支持下，使得无法修改链上的任何历史数据，从而保证链上的信息记录真实可靠。区块链采用分布式点对点网络，节点均含有相同的信息记录，从而保证了信息的公开透明。在区块链网络中，各个参与方都有系统生成的公私钥代表身份，所有的信息变动操作都通过数字签名技术与其身份绑定。数字签名具备高度可信性，质量信息来源明确，这可以准确地找到工程问题的来源。此外，区块链除了可以存储管理信息，也可以应用。

2.2 智能建造设计问题及对策

问题12：什么是智能建筑设计？

智能建筑产业是以开发、设计、建造及运维智能建筑为主导的行业，通过应用先进的信息系统和自动化技术，达到建筑智能化、高效化、绿色低碳化，并能够实现可持续发展。其中，智能建筑是智能建造的目标，智能建造是智能建筑的物化过程。

智能建筑设计的概念可以从两个维度去概括[7]：

（1）狭义的概念，是以建筑为平台，兼备信息设备设施系统、信息化应用系统、建筑设备管理系统、公共安全系统等；集结构、系统、服务、管理及其优化组合，向人们提供安全、高效、便捷、节能、环保和健康的建筑结构的建筑设计。

（2）广义的概念，是将智能化系统嵌入在建筑物里面，在各系统间建立起有机的联系，把原来相对独立的资源、功能等集合到一个相互关联、协调和统一的智能化集成系统之中，对各子系统进行科学高效的综合管理，以实现信息综合，资源共享。实现“有机联系”“相互关联”“协和统一”“集成系统”“科学高效”“综合管理”等关键的核心设计内容，也是把智能建筑的设计内核进行了浓缩诠释，构成了“人—建筑—环境”的互通、互联和互融的结果。

两个维度的核心要义则是运用先进的建筑设计理念和技术手段，实现这些系统和功能的综合优化和高效运行。

智能建筑设计不是一个简单的概念，它涵盖了建筑物全生命期的三大阶段：建设、交付和运营。在建筑物建设过程中，运用智能化与信息化技术来完成规划、设计、施工，需要在各个环节采用建筑信息模型（BIM）、互联网、物联网、大数据、云计算、移动通信、人工智能、机器人、区块链等新技术，与建筑工业化技术和先进制造管理方法协同进行集成与创新，以此降低资源消耗与成本，提高工程质量与效率。发展和应用建筑智能化设计的重点是通过重构智能化设计与建造的知识体系，建立基于大模型的建筑智能设计平台，推动建筑细分行业迈向数据化、知识化、定制化的高质量发展，引领全新的范式转型与建筑数字未来。

问题13：智能建筑设计与中国古建筑有什么联系？

智能建筑设计与中国古建筑都秉承着从构思开始，充分考虑各种因素、条件、类型，用一种标准“智能化”进行整理、梳理、管理，从而保证了实施的有效和稳定。从营建规划、城市规划、建筑设计、景观设计、室内装修、交通管理、物资运输调度、工种作业调度多层次、多维度、多领域地进行了具体的智能规划与设计。具体来讲，是用一种标准“智能化”进行从规划、建筑、景观的设计提高建筑效率和质量，减少能耗。优化城市空间布局，提高交通效率和资源利用；用一种标准“智能化”，实现室内外环境的自动化尺度管理和等级管理；用一种标准“智能化”达到优化物资运输路线，减少成本，优化建造流程，提高效率。帮助管理人员和实施人员完成复杂的动作序列，提高自动化管理水平。得到的成果就是对周围环境进行认识与分析，根据预定实现的目标，对若干可供选择的动作及所提供的资源限制和相关约束进行推理，综合制定出实现目标的动作序列。古代用的是《考工记》，现代用的是程序、规范、智能机器人。古代与现代的区别只是在实施的路径和手段上。底层逻辑和方法论是一致的。

智能化建筑设计从古至今一直在建筑和规划中发挥着积极作用，充分体现在特性和技术集成方面。不仅具备传统建筑的基本功能，还实现了多方面的先进技术的相互融合与集成。这种集成化、智能化的特点，使得建筑在实用性、舒适性、安全性和节能性等方面均有着显著的优势。

问题 14：智能建筑设计的发展趋势及主要应用流程是什么？

智能建筑设计依托于人工智能的发展，建筑人工智能，一方面需要定义学科本体与人工智能共性技术的大模型关系，另一方面需要构建人工智能思维范式下的学科知识图谱、工作流程以及数据资源架构的新系统。需要全面构建以建筑师创造力和实现力为核心的全新知识架构体系，实现可持续的新型人机协作。具体包括：

首先，建筑人工智能的发展需要依托多模态开源大模型，用以构建共性算法的技术平台。建立建筑创作生成可增强、知识可解释、流程可控制的思维架构，构建“通用大模型、专业模型、细分小模型”于一体的算法平台。借助专业机构的开源基础算法库，自主调用多模态的开源大模型，紧密跟随全球先进大模型的发展。再基于大模型，发挥建筑学科优势，积累训练可解释建筑专业知识模型库，一次训练建筑专业模型。最后，通过公式化与语义化解读，建立建筑细分知识与优化流程，提升精准度与效率。

其次，搭建泛在建筑知识图谱，训练专有建筑知识模型。通过整理筛选泛在建筑文本、图片、视频、模型等数据，建立建筑师（智能体）之间的数据共享与交换机制。通过知识图谱架构，整合建筑历史、理论、方法及技术规范等多维度信息，构建建筑多模态语义知识体系。

最后，强化建筑专业知识内涵，建立可定制的设计流程。通过“定制化—自组装—节点式”模式，为建筑师提供可解释、可追溯的自由组织设计节点与设计流程，通过这种交互模式，实现即时审核、优化与迭代、评估与调整，支持从概念设计到模拟优化的全流程设计工作平台，提升学科的创作范式。

智能建筑设计是一个复杂的系统工程，其主要流程如下：

第一步，从需求分析入手：明确建筑的功能需求、用户需求和环境需求等，为设计提供基础依据。

第二步，从系统规划思考：根据需求分析结果，规划建筑智能化系统的总体架构和功能模块。

第三步，从方案设计梳理：进行详细的建筑设计和智能化系统设计，包括建筑布局、结构选型、智能化设备选型等。

第四步，从深化设计实施：对初步设计方案进行细化和完善，包括施工图纸设计、设备选型深化等。

第五步，从施工配合检验：在施工过程中与施工单位密切配合，确保智能化系统的顺利安装和调试。

第六步，从建成运营评估：通过建成后运营的数据内容进行整理分类，根据实际变化的情况进行有效评估，并对相应内容做修正。

问题 15：智能化建筑设计的工具主要有哪些，其应用现状如何？

人工智能（Artificial Intelligence，AI）是智能建筑设计的重要工具。人工智能经历了两个阶段，基于知识的人工智能和基于数据驱动的人工智能。当今人工智能在智能建筑设计中主要有机器学习、深度学习等方式，在没有显式编程的情况下做出预测和决策，使得设计过程更加自动化和高效。生成式人工智能技术（Artificial Intelligence Generated Content，AIGC）在智能建筑设计应用中逐渐成为行业发展的主流和关键驱动力。生成式设计不断推动着建筑学的范式转型，探索设计与建造一体化的发展方向，具有巨大的潜力。

人工智能可以基于优秀的机器学习算法进行建筑优化，主要工具有遗传算法、贝叶斯网络（Bayesian Network）和蚁群算法（Ant Colony Algorithm）等。深度学习可以进行生成式设计，主要工具有卷积神经网络（Convolutional Neural Networks）等。生成式设计早期主要研究方法为搜索式方法，例如元胞自动机、遗传算法、集群智能、分型算法等。由于建筑多种复杂因素导致建筑方案的生成需要多次迭代、方案筛选才能最终完善。而早期生成式设计方法过早地将建筑设计限定在明确的生成框架内，导致生成的结果缺乏创意，更多地表现为一种机械的模仿。

随着 2014 年生成对抗网络的出现，极大促进了生成式设计的发展。基于生成式人工智能（Generated Artificial Intelligence，GAI）的建筑算法具有重塑建筑行业范式的巨大潜力，其借助了互联网的海量建筑数据和巨大算力的双重驱动。建筑设计中比较常用的生成式算法包括变分自编码器（Variational Auto-Encoders，VAE）和生成对抗网络（Generative Adversarial Network，GAN）以及扩散模型（Diffusion Model）等。

生成式设计在建筑设计中的应用主要包括：

（1）场地分析

建筑图像识别：生成式人工智能具备图像翻译和分割能力，能够快速地从建筑图像中提取元素特征，开展分析和计算。可应用于既有建筑能耗模拟、旧建筑改造和城市更新等领域，为设计提供基础数据。其核心原理在于依托于边缘检测或 CNN 学习驱动的方法建立框架，自动检测街景图像中的建筑立面元素，或者通过 SOLOv2 等算法，消除建筑立面畸变和遮挡。同时，还能进行工程图纸分类，建筑图纸中重要元素的识别，例如通过 GAN 识别建筑平面图中的结构、装饰等。

环境感知建模：生成式人工智能可以从建筑空间分析和数据中获取特征，依据历史数据和规范要求，预测一系列评价指标和结果。例如利用 GAN 生成人行为热力图，分析建成环境中的活动分布和行为模式，预测建筑物能耗、采光性能和碳排放等。

（2）方案生成

建筑概念生成：在建筑方案创意初期，在建筑师还没有准确设计意向的时候，通过收集意向图、搭建数据集并训练算法模型，可以通过文本生成图像的形式快速生成意向图，辅助建筑师设计。随着设计进程，图像生成图像技术提升了前期设计的可控性，利用草图或者草模，利用 CycleGAN 和 cGAN 直接生成建筑渲染图。生成式人工智能还能应用于场地和建筑内部的空间布局，通过对场地和建筑内部拓扑空间关系的深入理解，利用图结构表达空间关系，利用模型进行训练，直接生成空间的规划布局。

建筑图纸生成：平面生成是生成式人工智能最广泛的应用之一。早期主要通过深度学习算法训练模型，通过模型城市住宅等简单建筑物平面。随后，建筑师使用图神经网络提取和发掘建筑图纸结构数据来生成建筑平面图。同时，采用 StyleGAN 为代表的算法，分割墙、门、窗、檐口等元素，利用算法将立面图像进行配对训练，生成建筑立面。神经网络算法还能够利用输入的建筑平面实现结构图纸的生成，包括剪力墙、钢筋混凝土梁的排布、钢结构支撑结构的设计。

建筑模型生成：早期研究的原理是通过二维图形建立连续变化的界面，将多张截面用拉伸的方式组合在一起，通过风格迁移，生成一系列连续变化的图像。随后，采用将3D生成算法融入建筑设计中，通过文本或3D数据集学习，直接生成建筑模型，例如通过BIM模型生成建筑模型。

（3）设计建造一体化

利用生成出的建筑模型，指导机器人建造，从而实现从设计到建造的无缝衔接，这也是工业化、定制化建筑的基石，结合生成式设计与机器人建造技术，将设计与施工紧密结合，实现一体化。

问题16：如何实现建筑与结构的智能对接，协同化设计流程是怎样的？

建筑设计与结构设计是互相关联，密不可分的两项工作。一个工程项目的设计包括建筑、结构、给水排水、机电、暖通空调等多个专业。传统设计流程中，各个专业的配合和对接多数采用各个专业根据图纸进行本专业设计，然后再通过图纸进行交流和对接，效率低且会带来大量重复性设计工作，缺乏有效的数据交换和集成机制。

协同化设计是建筑设计技术发展的必然趋势，包括流程、协作和管理三类模块。通过协同化设计建立统一的设计平台，将各个专业的设计标准统一，并在此基础上，进行沟通和设计，实现所有建筑信息元的单一性，提升设计的效率和质量。同时，协同设计也对项目的规范化管理起到重要作用。目前，常用的协同设计多采用BIM软件。

问题17：大模型、大数据等人工智能技术怎样在建筑设计和优化中应用？

人工智能技术在建筑行业中的介入与发展，不断拓展着建筑设计、优化和建造的思想和技术边界。AI大模型可以通过分析海量的建筑设计模式和数据，快速生成不同形态的建筑设计方案，为设计师提供创新的设计思路和灵感，推动更高效、更经济的建筑设计优化。对于建筑领域AI大模型的构建，需要数以亿计的数据作为训练基础，尽管建筑行业拥有数以千万计的图纸、模型、资料等信息，但有效数据的提取和分析仍有待进一步发展。建筑行业AI大模型具有强大的数据处理能力和识别能力，在被引入建筑设计领域时，能够用于广泛学习建筑领域专业知识体系，辅助设计方案生成、优化、决策支持。专业模型是针对特定需求对大模型进行微调后得到的模型，通常具有更高的专业性和针对性，能够解决建筑设计中的具体需求和问题，辅助建筑设计细节功能精细化和个性需求定制化。小模型通常基于单一目标或多目标，将复杂的非线性设计过程进行公式化、模型化，以优化建筑设计的特定部分，辅助快速迭代设计、反馈优化和决策验证。

问题 18：如何系统化重建建筑智能化设计知识体系？

建筑设计的智能化发展离不开海量数据的驱动和领域知识的调用。建筑行业存在大量文本、图片、视频、模型等不同类型的多模态数据，需要构建建筑多模态数据体系，进而建立起专门化的数据库，建立数据共享与交换的有效路径，促进知识的流通与利用。进一步，需要将建筑行业专业数据体系转化为建筑领域知识图谱，整合多维度数据构建多模态的建筑语义知识体系，不仅涵盖建筑的几何形态数据，还深入性能优化、建构逻辑等信息的表达与理解层面。进而可以探索异构多模态数据相关算法，开发多模态建筑大模型训练平台，确保来自不同来源和模态的数据能够得到有效整合，并用于训练专业模型，为建筑设计提供更加可靠和高效的知识支持。

2.3 智能建造施工问题及对策

2.3.1 智能建造加工制作问题及对策

问题 19：工程建造领域的智能化加工制作主要有哪些新技术，存在哪些不足？

智能化加工制作是指在构件或产品的加工过程中采用先进的信息化技术和工业建造技术，实现构件生产过程的自动化、精细化，进而提高产品生产质量和生产效率，降低生产成本，实现智能制造。

利用好创新技术是推动智能化加工制作发展的关键：一是利用 BIM 技术构建数字化生产的高精度模型，用于生产前的精准设计、加工指导，减少耗材，同时优化制作流程。二是利用传感物联技术，实现构件加工过程中的自动化控制，保障流水线自动流转，提高生产全过程的自动化。三是利用计算机视觉对构件制作的精度进行精准控制，通过对加工场景的梳理，在重要位置布设摄像头，内置 AI 算法，对构件实现自动化检测，提高加工制作精度。四是利用智能管理平台实现数据要素的全过程管理，打造智能管理平台，收集关键数据，实现智能决策，提升全行业发展。

其中，应用创新技术辅助智能化加工的重点工作和优势如下：

（1）智能化加工制作主要工作

1）根据构件自身特点和工厂加工条件，明晰各环节的关键创新技术实施条件、实施目标。

2）结合生产任务，对 BIM 模型进行优化，为整个生产奠定基础。

3）检查各工位传感器以及整个物联网络，有序组织智能生产。

4）根据生产构件特点，结合 AI 算法做好构件生产质量把控。

5）对平台收集的数据进行智能分析，提出决策建议。

（2）智能化加工制作的主要优势

相比传统的工厂加工制作，借助创新技术的智能化加工制作，融合了人工智能，能够实现构件加工制作自动化、精准化，同时实现了全流程闭合管理，有效地提高了生产效率和加工质量。

然而，此类创新技术仍然存在一些不足：

1）创新技术的成熟度不高

此类创新技术均是吸收其他行业加以改进融入工厂加工制作中来，存在融合度不高的情况。例如，在利用 BIM 技术进行加工生产指导时，可能会存在无法全部满足构件制作生产全功能的要求，需要进一步根据行业特点改进升级技术。

2）原有工厂改造升级难度大

创新技术需要对现有工厂进行配套改造，例如加装传感器、物联网设备等。然而，当前大部分工程建造领域的相关工厂基础条件差，同时经费预算紧张，需要合理规划设计原有工程改造升级。

3）相应技术产业工人匮乏

目前，工厂加工制作人员多为传统产业工人，对智能化技术掌握程度不够。智能化加工制作要求工人要具备多元化的知识体系，因此，需要开展系统的培训，培养新兴产业工人，保障技术的顺利实施。

问题 20：工程建造领域的智能化加工制作与传统的加工制作技术有哪些区别，工效对比如何？

智能化加工制作采用了大量的信息化、智能化技术，其与传统加工制作技术在制作周期、生产质量、自动化水平、设备运营等方面存在明显差距，进而导致工效分析也有显著不同。

智能化加工制作与传统加工制作有着显著不同，主要体现在：一是信息化技术的使用显著提高了自动化水平，通过集成先进的传感器、控制系统和信息技术，克服了传统生产中依赖人工经验，实现了加工过程的自动化水平。二是生产灵活度提高，传统加工生产调整生产流程和产品种类需要较长的时间和较大的成本，而智能化加工制作可根据产品需求灵活调整，解决个性化定制问题。三是AI视觉算法和智能决策的使用改变了依赖于人工检验的手段，使质量控制更加标准化，能够更加精确地控制产品质量，减少缺陷和废品率。四是数据驱动管理，实现资源的统一调动，优化生产流程和设备管理，能够更有效地利用资源和能源，减少浪费。

智能化技术的应用，导致工程建造领域加工制作有较大变化，其工效变化具体如下：

（1）人力因素变化

先进生产力投入，大大改变了传统加工制作依赖大量人工操作的弊端，从整体生产来看，人工的投入量大大减小，单位生产效率提高。但是，智能化设备的投入本身就需要资源的投入。因此，不能单纯地从人力成本分析工效变化，应该将智能化设备的投入进行综合折算工效。

（2）技术因素变化

从产品的产出质量来看，智能化加工通过实时监控和数据分析，提高了产品的生产质量，缺陷率和返工率大大减少。因此，在工效对比时应进一步考虑产品制作质量问题，对传统加工制作工效进行折减。

（3）资源与耗材因素变化

智能化技术的应用，提高了资源配置效率、优化了管理流程，同时减少了材料消耗，避免浪费，进而单件产品的资源消耗率降低。因此，在工效对比时，可以额外考虑单位资源产出的合格产品。

（4）安全控制因素变化

智能化加工制作采用了大量的信息化技术，使得安全控制得以精准化，安全事故发生减少，进而减少因安全事故带来的停工。因此，在工效分析时，应考虑安全控制提升带来的工效提高。

问题21：如何做好预制构件生产与设备数据的交互？其应用实施的关键和重点是什么？

预制构件生产与设备数据的交互是指在构件生产过程中，将深化设计数据、工艺设计数据、自动化生产设备/机器人控制数据和进度、质量监测通过信息技术紧密结合，实现生产全过程的自动化与智能化控制。通过这种数据交互，能更好地协调设计、生产、检测等环节，确保预制构件的精度和生产效率。

做好预制构件生产与设备数据的交互的关键：

1）建立深化设计统一建模标准，通过数据接口和标准化设计，确保各系统和设备间的兼容性和数据互通。

2）利用深化设计 BIM 模型进行自动工艺设计，进而驱动设备自动生产，充分利用 BIM 信息，实现模型驱动生产，改变基于大样图、深化设计详图进行工艺设计，工人操作设备加工生产的现状。

3）采用智能传感器、工业物联网、边缘服务器等技术，形成边缘端 cam 控制生产设备/机器人，同时对生产过程进行监控和反馈。

应用实施的重难点：

1）模型标准化和接口兼容。首先，实现模型驱动生产需要对现有的深化设计标准进行改进，在深化设计过程中提前考虑增加工艺设计、加工制造、质量监控、进度跟踪等信息，同时需要考虑改变现有零件构件编号规则，增加了深化设计人员工作量。其次，预制构件涉及多类设备和软件系统，若标准不统一，数据交互容易出现问题。需制定统一的标准和接口协议，确保不同系统之间的数据流畅交换。

2）云—边—端网络传输优化与负载均衡。设备/机器人、边端控制系统、云平台的生产数据需高度一致，保证生产过程的精准性。可以通过工业互联网、边缘计算等技术，实现数据的实时处理和响应。需要进行数据分区处理与负载均衡技术研究，形成基于信息敏感度和任务优先级的数据实时调度处理方法。

3）设备自动化与柔性生产的融合。相较于制造业工业生产，建造业装配式构件生产呈现小批量、多批次生产特征，针对不同构件的个性化需求，生产设备需具备较高的柔性，能够根据数据调整生产参数，确保生产的适应性。需要研发智能化自适应的生产设备，针对具体构件生产业务实现自感知、自决策、自控制。

问题 22：如何建立预制钢结构构件智能化生产线，做好预制钢结构构件的生产加工？

钢结构具有材料强度高、结构自重轻、材质均匀具有良好的塑性和韧性等特点，应用自动化、数字化、智能化等技术，实现钢结构构件从设计、生产到检测的全过程自动化和智能化，打造钢结构构件智能化生产线，已成为钢结构行业技术发展的必然趋势[8]。

建立预制钢结构构件智能化生产线，一是要在生产前做好数据对接和数据驱动；二是要打造智能生产管理系统；三是要做好原材料和成品质量管理的智能化。

(1) 数据对接和数据驱动

1）建立或统一基础数据标准，包括业务语义、管理标准、逻辑数据模型标准、物理数据模型标准、元数据标准、公共代码标准、技术规范以及质量要求等，确保数据在不同系统间的定义和使用保持一致。

2）加强与设计阶段数据联通，保障数据内外部使用和交换的一致性与准确性。支持与主流 BIM 设计软件的数据对接，为设计软件开发专用接口，构建数据集成平台，从设计软件中导入设计数据，实现数据实时批量传输。通过数据转换和清洗，确保数据的一致性和准确性。

3）将设计数据转化为生产线自动化下料及生产的生产数据。提高设计精度深度，确保设计图纸和三维模型包含完整的构件尺寸、形状、材料要求、连接方式等详细信息；根据设计数据，生成详细 BOM 表，列出所有需要的原材料、零部件及其数量。在数据转换过程中，确保所有数据的格式、单位、精度等符合生产线自动化系统的要求；对转换后的生产数据进行严格校验，确保构件尺寸、数量、材料要求等信息的准确性，可使用智能化审查工具进行批量校验，提高校验效率；根据校验后的生产数据，生成详细的生产指令，指导生产线的自动化设备在相应流程进行下料、加工、装配等操作。

(2) 打造智能生产管理系统

1）搭建智能生产管理系统平台。开发生产进度监控、生产计划管理、设备监控调度、质量检测追溯、物料人员管理、数据集成交互等功能模块。推动实现企业资源计划系统（ERP）与生产执行系统（MES）的交互，ERP 系统向 MES 系统传递生产任务、采购信息、库存信息、物料配送计划等信息，MES 系统向 ERP 系统传递生产完成情况、物料再制、物料配送情况、异常信息、生产过程质量等信息，实现经营管理与制造的集成。打造客户需求与生产执行系统对接交互平台，确保信息沟通的准确性及时效性。

2）排程管理智能化。运用遗传算法、模拟退火法等复杂算法分析生产数据信息，考虑生产过程中的各种约束条件，生产多个可行的排程方案，自动筛选或由管理人员基于项目构件清单和客户生产需求，选择适宜的生产排程计划。应用物联网等技术实时监测设备状态、生产进度等关键指标，一旦发现偏差或异常，立即触发调整机制，确保生产计划顺利进行。在生产过程中，支持生产计划变更并自动提醒责任班组，在生产线上配置播报大屏或信息集成屏幕，各班组可实时掌握生产计划内容。

3）生产装备智能化。结合产线工艺，按需配置智能下料机、数控机床、智能组焊机、3D视觉工业相机、检测设备、自动分拣设备、自动抛丸喷漆设备等智能化设备。通过平台导入生产数据，调整设备操作工序、记录操作信息、推动信息共享和实时反馈。

4）编码管理智能化。以构件一件一码为核心要求进行管理，对每一个构件在平台中即生成唯一的编码标签，排程计划确定后，生产指令单和对应构件标签通过平台线上交付生产班组；生产过程基于标签一件一码进行过程管控。

5）生产执行智能化。平台支持辅助技术人员定义生产、质检、各用户权限等；构件生产中各工序流程、返修、质检等生产活动根据预设流程进行扫码报工，实现生产过程可追溯。

（3）原材料和成品质量管理的智能化

应用平台和各智能化设备实现对生产全过程质量和安全的数字化管理。建立数字化质量档案，实现对产品全生命周期的质量记录，保证各环节可追溯性；生产物料应用条码、电子标签（RFID）等自动识别技术进行识别，快速录入查询物料信息；成品构件实现从排产至安装的一件一码。

问题23：如何建立预制机电管片构件智能化生产线，做好预制机电管片构件的生产加工？

在机电安装工程管线预制过程中，要把握好各类管线的预制误差，区别于建筑工程厘米级的偏差，在机电传统民用工程中，一般超过3mm的偏差就可能导致法兰之间无法正常拼接或管线无法顺利对口，而对于精细工业、医疗和实验室建设等工程，这类精度控制会更严格，因此必须要引入“数智化”技术，为管线的精细预制生产打好基础，以便于安装工程的成功实施。

在机电工程中，常规的技术路径如下：

1）建立高精度BIM模型，使得模型不仅能反馈管线的走向、管径大小及配件形式，更能精细到材质、标高、前后连接段信息等，同时结合现场的需要进行预分段（避免预留结构或难以修补处的接口）。

2）在建筑结构完成后，进行通过多点位控制的激光三维扫描技术，以修正建筑模型和现实建造过程中的偏差，为管线和设备的精确安装提供基础。

3）利用三维扫描和结果导入BIM模型，进行模型的修正，同时调整管线预制装配的分段尺寸和编号。

4）将生成的最终模型提供预制生产厂进行管线的预制生产，利用含自动焊接机器人等高端设备提高预制效率和质量。

为实现上述技术路径，可从以下几个方面开展工作：

（1）智能化产线升级改造

1）自动化设备布置：在预制工厂内采用自动化程度较高的焊接、切割、喷涂等设备，如：等离子自动切割机、多功能组对机、管道自动焊接机器人等，实现生产流程的自动化和智能化。

2）产线布局优化：根据自动生产设备的工艺流程，科学合理地规划产线的布局，确保设备与设备之间的无缝衔接和高效运转。

3）应用智能监控系统：在设备端安装高精度远程监控模块，建立统一的管道预制智能监控系统，实现设备的远程监控、故障诊断和自动控制，提高生产效率和设备利用率。

（2）智能化管理系统建设

1）预制工厂智能管理系统：采用智能预制管理系统对机电管线从下料切割到焊接完成的整个过程进行智能化的管理与控制，提高生产线的整体加工质量和运行效率。

2）MES 系统应用：引入制造执行系统（MES），实现生产计划的制定、执行、跟踪和反馈，以及生产数据的实时采集和分析。

3）ERP 系统集成：将企业资源计划（ERP）系统与 MES 系统集成，实现物料采购、库存管理、生产计划、销售管理等业务流程的信息化和协同化。

4）数据平台建设：建立全厂实时数据中心，实现生产数据的集中存储、管理和分析，为决策提供数据支持。

（3）数字化质量控制与检测

1）自动化质量检测系统：采用智能化、数字化程度较高的管道自动检测设备对预制管道进行质量检测。并通过无线网络的方式与智能管理系统进行实时的数据交互，实现管道质量检测的信息化与智能化。

2）产品质量追溯系统：结合上述智能管理系统，采用 RFID、二维码等技术手段，实现产品从原材料到成品的全程信息可追溯，确保产品质量的一致性和稳定性。

问题 24：如何建立木结构智能化生产线，做好木结构生产加工制作？

木结构智能化生产线是基于木工机械、物联网和人工智能等技术，实现开料、分等、指接、组坯、胶合、刨光、切割、开槽、铣型、组装等一系列工序，将原木制备成构件的自动化生产加工流水线。木结构智能化生产线通过对木结构生产全流程进行精细化管理，根据生产需求实时调整刀具类别、进刀量、主轴转速、淋胶速度、拼装速度以及工序间进料速度、输送速度等加工参数，完成协同作业，并通过智能算法对生产数据进行处理分析，达到优化加工方案、预测故障的目标，使生产过程具备自主决策、自我优化、自适应等能力，最终实现木结构的高效率、高精度加工。

引入智能化技术建立木结构智能化生产线的关键：一是研究木构件的参数化生形和数据转化技术，实现构件信息从设计建模软件向加工设备的数据传递，达到构件参数直接驱动生产的目标。二是研究不同生产工序中自动化设备的协同控制技术，实现木构件不落地，连续化生产。

其中，引入智能化技术，建立木结构智能化生产线，做好木结构生产加工制作的重点工作和优势如下：

（1）木结构信息化模型的构建

1）根据设计要求，明确定义木构件轮廓尺寸、孔槽位置、材料属性、连接方式等各项参数。

2）利用专业参数化设计软件和建模平台，构建木构件的信息模型，通过参数的调整呈现不同的构件，通过变更传播引擎使构件间互相关联，实现修改一个构件的参数，相关构件的参数随之产生关联的变化，并传递到所有的视图。

（2）木结构数据转化方法的建立

将木构件的信息，通过数据接口，转化为机械设备的加工数据，从计算机辅助设计（CAD）到计算机辅助制造（CAM），由计算机自动发送到加工设备和/或装配线。

（3）木结构加工协同工作系统的研发

1）梳理加工需求，配备加工中心、机械臂、分等设备、指接淋胶设备、自动养生设备、翻转输送设备、刨光除尘设备、数据采集和监控仪器等仪器设备。

2）科学布局加工设备，合理安排设备位置，减少材料运输距离，确保各工序之间的衔接和生产过程的顺畅，实现构件不落地的流水线加工模式。

3）一体化设计和自动化控制，利用集成化的生产管理系统，对生产过程进行实时监控，优化生产调度，平衡生产负荷，实现设备之间的数据交换和远程控制。

（4）木结构智能化生产的主要优势

相比传统的人工加工，木结构智能化生产具有加工效率高、产品精度高、减少人工干预、易于加工大量复杂异形结构等优势。木结构智能化生产通过数控技术、机器人技术实现加工过程的自动化和流水化，大幅提高生产效率；通过协同工作系统实现连续化生产和全过程把控，有效减少人为误差，确保产品精度符合设计要求。

问题25：如何引入智能化技术，建立标准化部品部件库，支撑智能化生产加工？

标准化部品部件库，是指利用计算机技术，通过系统工程方法，以人机交互方式，将各种部品部件的数据进行标准化处理，并存储于一个集中、易于访问的数据库中。预制构件生产加工中推广应用标准化部品部件库，可以使平台快速检索选用标准化部品部件，减少排程和后续工艺调整工作。可以进行集中、批量采购，降低采购成本。可以批量生产和库存，并进一步提高产品的可替代性和互换性，降低不良率。

在生产加工中建立标准化部品部件库，一是加强与设计单位协作，共用标准化部品部件库或导入部品部件库；二是建立企业标准化部品部件库。

（1）加强与设计单位协作，共用标准化部品部件库或导入部品部件库数据

与设计单位共同制定或确认项目所需遵循的设计标准和规范，包括部品部件的选型标准、尺寸规格、性能要求等，并对其进行分类和编码。建立线上信息共享平台或使用现有的项目管理软件，方便双方实时查看和更新设计资料及部品部件库。对现有的部品部件库数据进行整理，确保其准确性、完整性和最新性，包括部品部件的名称、型号、规格、材质、生产厂家、价格、图片、性能参数等信息。利用BIM软件或其他项目管理工具的功能，将整理好的部品部件库数据导入系统中，确保设计人员、生产技术人员可以方便地搜索、选择和引用这些部品部件。

（2）建立企业标准化部品部件库

1）确定分类和编码标准。通过科学合理的预制构件分类方法，确保各类别之间界限清晰，避免交叉和重复，从大类到小类逐步细化，形成一个完整的系统，并具有一定的灵活性和可扩展性，以适应未来可能出现的新部品部件。分类应与国家现行相关标准相兼容，方便设计、生产、采购、施工等各个环节的人员理解和使用，可以按结构类型分类，可按用途分类，也可按材料等其他形式分类。预制构件编码时，每个部品部件的编码应是唯一的，以避免混淆和错误，编码设置应能够反映部品部件的主要特征和属性，便于理解和记忆，并预留足够的空间，以适应未来部品部件的增加和变化；可以采用层级编码方式，将编码分为多个层级，每个层级代表不同的分类维度。例如，第一层级代表结构类型，第二层级代表用途或材料，第三层级代表具体型号或规格；或根据国家、省市通用的编码标准，结合企业的实际情况和需求，设置编码规则。

2）创建部品部件族，对部品部件族进行参数化建模。采用参数化设计方法，将部品部件的主要尺寸、性能参数等设计为可变的参数，以便后续通过调整参数来生成不同规格和型号的部品部件。根据分类和编码标准，以及参数化设计的结果，创建部品部件族的模板，将设计好的部品部件族模板及相关数据整理成库，包括部品部件的名称、编码、规格、性能参数、图纸、模型等信息。利用 BIM（建筑信息模型）软件或其他项目管理工具，将部品部件库数据导入系统中，以便实现数据的共享、管理和补充调整。

3）设计部品部件库的检索调用功能。应用分类导航查询、关键词查询、语义组合查询等方式或进行组合。检索界面的设计应简洁明了，方便用户操作。可采取索引技术，对部品部件库中的关键字段建立索引，如名称、编码等，以加快查询速度。对查询语句进行优化，避免全表扫描等低效操作。根据项目需求，开发数据调用接口，方便其他系统或应用调用部品部件库中的数据。在设置部品部件库的检索调用功能时，还需要考虑数据的安全性，通过身份验证、数据加密、访问权限管理等手段加强数据安全性保护。

4）设计部品部件库的入库功能。实现与 BIM 软件的接口集成，支持从 BIM 软件中直接提取部品部件数据，提供数据导入导出功能，支持多种格式的数据文件。加强模型数据入库审查，设立专门的审核团队或流程，对入库申请进行审核，验证部品部件数据的准确性和完整性，使用自动化工具或手动检查方式，对 BIM 模型进行校验，确保数据的一致性和规范性，并提取部品部件的关键信息，如名称、编码、规格、生产厂家等，用于入库记录。设置入库申请流程，允许用户（如设计师、工程师、产线技术人员等）通过系统界面提交入库申请，申请中应包含部品部件的详细信息、来源、用途等必要信息，入库界面应有直观易用的系统界面，包括入库申请、审核、入库记录查询等功能模块，提供清晰的表单和提示信息，引导用户完成入库操作。设置严格的权限管理机制，确保只有具备相应权限的用户才能进行入库操作，普通用户只可查看，不能删改。提供入库统计报表功能，帮助管理人员了解入库情况和库存变化，支持按时间、部品部件类型等条件进行筛选和查询。

5）服务好智能生产管理系统。应用标准化部品部件库，生产管理系统根据 BOM 表高效索引对应部品部件库模型和相似部品部件库模型，技术人员可在系统辅助下对相似部品部件模型进行参数化设计，使构建模型尺寸、性能等与设计指标实现一致。

问题 26：如何引入智能化技术，提高预制构件生产加工质量？

预制构件生产加工质量受原材料配合比、设备性能以及加工工艺等诸多因素影响，其中，加工工艺尤为重要。构件的几何尺寸、钢筋位置及长度、预埋件位置等人工判断难度高、工作量大，迫切需要引入智能技术实现构件加工过程质量判定。

利用智能化技术提高预制构件加工质量的关键：一是重点开展基于大数据模型的原材料配合比设计制备研究，重点研究基于数据驱动的混凝土性能稳定控制。二是对原有生产线进行智能化升级改造，包括各工位关键质量控制要素梳理、传感物联设备的安装位置，搭建智能化质量监测系统。三是做好算法改进和模型训练，对实际生产过程中产生的关键图片进行收集、标记，最终形成基于计算机视觉的预制构件质量自动检测方法。四是借助AI、虚拟现实等智能手段，做好流水线工人的技能训练，提高工程技术水平，从源头解决预制构件生产加工质量。

其中，借助智能化技术提高预制构件的生产加工质量可从以下几个方面入手：

（1）大数据驱动原材料设计，提升材料性能

预制构件的质量受原材料性能影响较大，通过大数据模型进行智能控制，可以提前预知构件质量，并对不合理或是达不到要求的进行及时调控，解决人工经验调控导致质量波动过大的问题。

（2）计算机视觉实现构件质量实时获取，提质增效

在原材料性能稳定可控基础之上，通过AI摄像头及时获取生产过程中构件的姿态，结合人工智能算法，判定构件尺寸、预埋件位置、钢筋伸出长度等关键信息，及时挑出存在质量缺陷的构件，减少返工率。

（3）开展基于AR、VR技术的工人技能实训

一线人员的技术水平是影响预制构件质量的核心和关键要素，AI技术的普及提高了技术人员的能力培养的便利性。借助AR、VR等关键技术打造虚拟场景，使工人能够沉浸式训练，进而达到了最小资源和成本情况下的技术水平提高。

（4）生产数据收集，逐步实现智能决策

利用搭建好的物联网，通过传感器、AI摄像头不断收集生产数据，将质量相关的数据进行聚类、深层次挖掘，最终实现智能决策，使得预制构件生产加工质量不断提升。

问题27：如何开发建立智能化生产加工控制平台系统？

智能化生产加工控制平台系统相当于在传统构件生产加工车间加装“大脑”。该大脑集成了传感器、通信网络、信息技术、数据分析决策等智能化技术，实现设备自动化控制、构件质量实时监测调控、资源优化配置、生产数据智能决策，进而提高生产效率、保证产品质量、降低生产成本、提升能效和安全性。

开发建立智能化加工控制平台系统的关键：一是结合业务需求，梳理好平台主要功能，搭建好平台框架，分析相关技术和工具，包括数据库、编程语言、前端和后端技术等，做好开发准备、设计好后续扩展。二是以功能为需求，做好业务逻辑调研，将内在控制原理嵌入平台中，设计好业务平台。三是根据平台主要需求，做好原有生产条线的升级改造设计，对关键工位进行传感物联搭建和安装。四是做好用户界面开发，从使用者角度出发，提供直观、易用的用户界面，确保操作人员能够轻松管理和控制生产过程，将智能化加工控制平台系统的功效落到实处。

开发建立智能化生产加工控制平台系统主要工作如下：

（1）控制平台系统需求调研及框架搭建

深入走访预制构件加工厂，通过与技术人员、管理人员深层次交流访谈，分析得到构件智能化加工生产的难点，进而梳理得到基本需求。根据基本需求，搭建智能化生产加工控制平台系统的主要框架，并与生产技术人员确认，确保开发的平台系统合理有效。

（2）开发技术分析与准备

结合平台框架，对平台开发涉及的核心技术，诸如数据库、编程语言、前端和后端技术等进行分析，遴选出简单实用的技术，尽最大可能实现技术成本最优，划分任务模块，每一个模块都与相关加工制作场景深度关联，实现业务中台的搭建。

（3）控制平台系统开发与测试

组织技术人员对每个模块进行详细编程，开发出友好的用户界面，进行小范围的场地测试，并根据测试情况和用户具体反馈，实时调整平台的基本功能，实现控制平台系统的优化。

智能化生产加工控制平台系统的优势如下：

智能化生产加工控制平台系统顺应人工智能发展趋势，同时也克服了传统生产加工的弊端。借助智能化技术的使用，能够对生产过程进行实时监控、优化和管理，进而显著提高预制构件生产的智能化水平，提升产品质量和生产效率，降低成本和资源消耗。

2.3.2 智能建造施工技术问题及对策

问题28：如何引入智能化技术，做好施工方案的智能化生成与编制？

施工方案智能生成是指借助人工智能、大数据分析以及自然语言处理等先进技术，以数据信息、语义信息为基础，依托结构标准化程度较高的文本，实现施工方案的自动生成，辅助项目技术员高质量地完成施工方案的编撰工作。

施工方案的智能化生成与编制的关键：一是施工方案具有结构性、重复性、多维数据关联和技术术语密集的特点，使其在数字化应用上有很大的潜力和适应性，通过模块化，实现结构化，可创建基于人工智能的动态方案编制流程，实现方案的快速复用和数据的自动更新与关联。二是施工方案数量庞大，可借助大模型技术学习已有方案，自动提取关键信息，建立机制以持续收集新的施工数据和方法，以提高施工方案处理效率与准确性，为新施工项目提供支持，降低错误率，使施工方案制定更智能高效。

该软件在施工方案智能生成的过程中，展现出强大的技术实力和创新能力。

首先，通过自主研发的基于大模型的语义检索、匹配、跟踪和重组算法来识别抓取关键信息。该算法借助大模型的优势，深度分析施工方案中的专业术语和复杂逻辑，提升标准规范自动引用的准确性和指标参数自动计算的可靠性，还能实现方案扉页目录自动生成、文字信息自动撰写、文本格式自动排版等功能。

其次，采用 VUE 技术进行参数输入以获取工程概况信息。VUE 技术的组件化架构和 B/S 架构相结合，为用户界面开发提供高效、响应迅速且易于维护的解决方案，同时 HTML5 技术的集成增强了多媒体和图形功能，提升了视觉吸引力和互动性，优化了用户体验，为应用的可扩展性和功能迭代奠定基础。

最后，利用改进的 PostgreSQL 对象关系型数据库管理系统，构建业内领先的施工机械设备数据库，集成超过 3 万条关键信息记录。通过优化的数据结构和索引策略确保数据存取速度和效率，精心设计的访问接口和用户界面简化数据管理复杂性，严格的数据验证和审计机制保障数据质量和一致性，一系列性能优化策略显著提升数据库性能和软件稳定性，为施工方案的高效开发和企业的数字化转型提供坚实的数据支撑，最终完成施工方案的智能生成。

问题 29：如何引入智能化技术，做好施工现场场地布设控制？

施工现场的场地布设控制，是指随着施工的进展，施工现场的材料堆放区、材料加工区、办公区、交通环路等区域，按照前期的施工策划，在空间内互不干扰，时间上有序推进，整体协调统一，从而保证整体施工按计划进行。施工场地布设控制是一个动态过程，且随着施工进展，实际情况在不断变换，场地布设的策划也需要不断调整，因此，场地布设控制是一个难点。

将智能化技术引入施工现场场地布设控制的关键点在于：一是实时准确地收集现

场的施工信息，这需要在施工现场布设大量的摄像头和传感器，并且这些摄像头和传感器能将采集到的数据快捷准确地传输到后台，保证现场信息传递的全面性、即时性和准确性。二是根据第一步收集到的现场信息，对于后续施工方案进行实时调整，此过程中需要应用人工智能的算法和机器学习，系统在一次次模型训练中不断提高调整的准确性，同时需要专家审核把控。三是将第二步得出的方案调整，反馈到施工一线工作人员或者机械设备，使施工一线根据调整后的施工方案执行，保证施工有序推进。整个人工智能系统的作用类似于十字路口的交通信号灯，根据车流量的情况不断变换红绿灯，从而保证车辆的有序运行以及十字路口的整体顺畅。

在施工现场场地布设控制中应用智能化技术的重点工作在于：

1）摄像头和传感器布置位置合理，布置得过多，会收集到过多的无用信息，布置得太少，信息不能收集全面。因此要确保关键信息（比如关键受力位置，交通主要环线等）上有相应的信息收集装置。

2）数据的积累、模型的训练。施工行业技术的迭代更新、设备的升级，方案的优化、材料的更替较快。要对智能化系统进行长时间大模型的投喂，保证系统的知识库最新，以期能够更准确高效地指挥一线施工。同时，应安排专家审核，以防止系统失误造成的损失。

在施工现场场地布设控制中应用智能化技术的优势在于：

1）能更全面地了解现场的全部情况，通过摄像头和传感器的全面覆盖，能够将关键信息全部收集。

2）考虑问题更全面、准确。由于大模型获取信息的能力更快，智能化系统相比于人类获取知识的能力更快，且不容易出错，使得在现场发生变更情况下，施工方案的调整更周全、准确。

3）响应速度更快捷。计算机每秒的运算速度将大大优于人类，使得智能化系统对于场部控制的反馈速度更为快捷。

4）大大减轻管理人员的工作量。智能化系统将降低管理人员对于施工策划的工作量，使得人可以从策划者转向审核者角色。

问题 30：如何引入智能化技术，做好工地现场的勘探测量？

勘探测量工作，主要指随着施工的进展，对于现有场地的环境扰动造成原有地下的土质情况、水文情况以及管线造成的沉降或者位移，进行测量分析。勘探测量工作的主要目的是判定地质情况是否安全，能否保证现有施工继续安全和顺利地进行，为后续现场作业提供依据。

应用智能化技术进行勘探测量，是指把智能化中的自动化、机械化的优势应用到勘察测量当中，改变现有勘探测量中需要测量人员现场实测、数据汇总、分析判断的繁复工作，达到勘探测量智能化的效果。

在施工现场进行勘探测量工作的重点在于：一是对于施测机械的研发，施测机械宜采用无人机或者运动机器人，以避免测量人员野外或者露天等恶劣环境下工作，部分地下雨污水管线需要考虑带摄像头的运动机器人钻入，由操控人员手持行进。二是地质是否安全的智能化研判，例如基坑开挖过程中发生渗水，需要判断是承压水还是潜水，渗水可以通过简单堵漏解决，还是必须采取专门措施。当传感器收集到的信息超出报警阈值时，智能化系统应该能够判断危险是否会进一步扩散还是非关键损伤，用以指导现场的后续施工方案。

智能化技术在勘探测量中应用的重点在于：

1）明确勘探测量的范围和目标。根据拟施工区域和环境的特点，设定影响区域并明确勘探测量范围，同时，根据安全隐患的风险和所造成的后果，制定报警阈值。

2）设定勘察测量的频率。当数据一直比较稳定时，可以适当降低测量频率，以降低勘探的负担，当数据变化剧烈时，加大监测频率并密切关注变化，以保证施工的安全。

3）辅助数据异常的原因归纳。勘探测量数据异常的原因多种多样，寻找原因是后续施工策划的关键，借助智能化技术来辅助技术人员判定数据异常原因。

勘探测量的智能化技术优势在于：

1）避免测量人员在恶劣的环境下工作，降低安全隐患，降低测量员的工作量。

2）利用机械化测量，降低人员操作的失误，增加勘测质量。

3）数据分析更为快捷高效，大大加快现场的响应速度，减少安全风险。

问题 31：如何引入智能化技术，做好基坑施工的地下水控制？

基于智能化技术的地下水控制是指在基坑施工过程中，通过引入先进的传感器网络、数据采集系统、实时监测、数据分析算法和自动化控制技术，对地下水位、流量、渗漏等进行实时监测与管理，并通过智能决策系统自动调整排水措施，以确保基坑施工的安全性和有效性。这一过程结合了物联网、大数据、人工智能等技术，实现了地下水控制的自动化、精准化和高效化。

在基坑工程施工地下水控制中，要引入智能化控制可以通过以下步骤：

1）完成基坑施工现场工程组网布设。首先部署传感器网络，在基坑周边及内部布设地下水位传感器、流量计、渗漏监测器等设备，形成一个全面的监测网络。通过物联网技术，这些传感器能够实时传输数据到中央控制系统。之后实时进行数据采集与传输，利用物联网和无线通信技术，实时采集地下水相关数据，并传输到云端或本地服务器，确保数据的及时性和可靠性。

2）进行智能数据分析与预测。首先进行大数据分析与建模，通过收集的大量历史数据，运用大数据分析技术建立地下水动态模型，预测地下水变化趋势。这些模型可以帮助施工管理人员提前识别潜在的风险区域。之后进行人工智能预测，结合人工智能技术，特别是机器学习算法，对地下水数据进行深度分析，预测地下水位变化，提出预警，并提供优化的地下水控制方案。

3）采用具有自动化控制与调节功能的排水系统。首先建立智能排水系统，基于实时监测数据，采用智能控制排水泵和注浆系统，自动调整排水量和注浆量，避免过度排水导致地面沉降或排水不足引发基坑失稳。之后做好自动预警与应急响应，建立智能预警系统，当监测到异常地下水位或渗漏时，自动触发应急响应机制，调整施工措施或暂停施工，以确保安全。

4）采用智能化管理平台进行地下水监控。首先宜建立智能化集成管理平台，将地下水监测、数据分析、决策支持和自动化控制集成在一个平台上，方便施工管理人员实时查看地下水情况、分析报告、调度控制措施。平台宜具有可视化功能，通过可视化界面，可实时展示地下水动态、监测数据和预测结果，使施工管理更加直观和高效。

基于智能化技术的地下水控制时，应重点关注以下内容：

1）部署全面的地下水监测网络。通过在基坑四周和底部安装高精度传感器，监测地下水位和流量，确保监测范围覆盖所有关键区域。同时，定期校准传感器，确保数据的准确性和可靠性。

2）建立地下水动态模型。通过收集历史地下水数据，结合当前监测数据，通过大数据分析和建模，构建地下水动态模型，预测地下水变化趋势。同时，定期更新模型参数，保证预测的准确性。

3）智能排水与注浆控制。通过采用智能排水系统，根据实时监测数据自动调节排水设备，防止因排水过多或过少引发的基坑问题。同时，通过配备智能注浆设备，在需要时自动进行注浆，增强基坑的稳定性。

4）实施预警机制与应急管理。通过设定地下水位、流量等关键指标的预警阈值，当监测数据一旦超过阈值，系统会自动发出预警。之后建立应急响应机制，当预警触发时，自动调整施工方案，确保基坑安全。

5）加强施工人员培训。通过对施工管理人员和现场操作人员进行智能化技术培训，使其熟练掌握系统操作和应急处理；通过定期进行应急演练，提高人员应对突发情况的能力。

6）持续优化与技术升级。通过反馈机制，不断优化智能化系统的性能，根据施工进展调整系统参数和控制策略。同时，引入最新的传感器技术和数据分析工具，保持技术的先进性和有效性。

通过引入智能化技术进行基坑施工地下水控制，可以实现从被动应对到主动管理的转变。智能监测系统提供了实时数据支持，智能数据分析与预测提升了对地下水变化的前瞻性，自动化控制系统确保了地下水控制的精确性和效率。结合集成管理平台和预警机制，智能化技术为基坑施工提供了更高的安全保障和更优的施工效果，是未来地下水控制技术发展的重要方向。

问题 32：如何引入智能化技术，做好基坑施工的变形控制？

基于智能化技术的基坑施工变形控制是指在基坑施工过程中，结合先进的传感器网络、数据采集系统、伺服控制系统、预应力支护等技术，对基坑及周边结构的沉降、水平位移、墙体倾斜等进行实时监测和自动化控制。通过物联网、大数据分析、人工智能和自动化控制技术，实现变形监测的高精度、实时性和动态调整，确保基坑施工的安全和质量。

可以从以下几个方面引入智能化变形控制技术：

1）部署高精度监测系统。首先进行传感器网络的建设，在基坑周边布设高精度位移传感器、倾斜仪、沉降仪、应变计等监测设备，形成一个覆盖全面的监测网络。这些传感器实时采集基坑和周边环境的变形数据，通过物联网技术传输到中央控制系统。之后进行数据实时传输与处理，利用无线或有线网络，将监测数据实时传输到云端或本地服务器，确保数据的准确性和及时性。同时，智能化平台对数据进行实时处理，为后续的自动化控制提供基础。

2）引入智能化数据分析与预测技术。首先进行大数据与人工智能分析，通过对实时采集的数据和历史变形数据进行大数据分析，建立基坑变形预测模型，识别潜在风险点。人工智能算法能够通过学习和分析，预测基坑未来的变形趋势，并提供预警和施工调整建议。之后建立实时预警机制，系统基于分析结果设定变形预警阈值，当监测数据接近或超过阈值时，系统自动发出预警信号，并建议或直接实施应急措施。

3）应用伺服控制系统。在基坑支护结构中引入伺服控制系统，对支护力进行实时监测和自动调节。伺服系统可以根据监测数据自动调整支撑力，确保支护结构的稳定性，减少基坑墙体的水平位移和倾斜。伺服系统会结合实时监测数据和预测模型，自动调整施工参数，如支护力、开挖顺序等，减少对土体的扰动，从而有效控制基坑变形。

4）实施预应力支护技术。通过在锚杆、拉杆和支撑系统中施加预应力，预先对支护结构施加一定的受力，使其在施工过程中能够更有效地抵抗土体压力和变形。预应力支护可以显著提高支护体系的刚度和抗变形能力。同时，利用智能张拉设备，对预应力支护结构进行自动化张拉和实时监测，确保预应力的施加符合设计要求，并在施工过程中保持稳定。智能监测系统实时监控预应力的变化，自动调整支护力，防止由于土体变形或外部因素导致的预应力失效。

5）建设智能化管理平台。建立智能化管理平台，将变形监测、数据分析、伺服控制、预应力调节和应急响应功能集成在一个系统中，方便施工管理人员实时查看基坑变形情况，分析报告及控制措施。通过可视化界面，实时展示基坑变形的动态变化情况，使管理人员能够直观地了解现场状况，并根据系统建议进行实时调整和决策。

在采用智能化技术辅助基坑施工变形控制时，同时应重点关注以下工作：

1）优化设计与施工方案。在设计阶段，通过有限元分析和模拟技术，对基坑支护结构的应力分布和变形趋势进行详细分析，优化支护设计，确保支护结构的刚度和稳定性。在施工阶段，根据实际监测数据和智能分析结果，动态调整施工顺序和方法，减少对基坑周边土体的扰动，控制基坑变形。

2）做好智能化基坑施工变形监测与控制。在基坑周边布设传感器网络，实时监测基坑的水平位移、垂直沉降、墙体倾斜等关键指标，确保监测数据的准确性和实时性。同时，通过采用伺服控制调节算法，结合伺服系统和预应力支护技术，实时调整支护力和施工参数，确保基坑的安全稳定。

3）应急响应与持续优化。应建立智能预警系统，设定变形监测的安全阈值，一旦数据超过阈值，系统自动发出预警并启动应急预案，如调整支护力、暂停施工或加强支护措施。同时，通过实时监测数据和反馈机制，不断优化施工方案和支护措施，确保基坑变形控制在设计范围内。

4）培训与技术支持。通过对施工管理人员和操作人员进行智能化技术培训，确保其熟悉智能监测系统、伺服控制系统和预应力支护技术的操作及应急处理程序。定期检查和维护智能监测系统、伺服控制设备和预应力支护系统，确保设备的精准度和可靠性，防止因设备故障导致的施工风险。

通过结合高精度传感器网络、智能数据分析、伺服控制系统和预应力支护技术，智能化技术能够实现基坑施工变形的全方位、实时监控和精确控制。智能化管理平台将监测、分析、控制和应急响应功能集成在一起，为施工管理人员提供强有力的支持，确保基坑的安全与稳定。智能化技术在基坑变形控制中的应用不仅提高了施工的效率，还大大降低了变形带来的潜在风险，是未来基坑施工领域的关键发展方向。

问题 33：如何引入智能化技术，做好大体积混凝土结构施工的裂缝控制？

大体积混凝土结构裂缝是一个非常普遍的现象，其产生的主要原因是混凝土结构因温差变化、自身收缩而产生裂缝。引入智能化技术，重点针对混凝土温差变化和自身收缩两个关键要素开发和应用智能化控制系统与装置，可以有效实现对大体积混凝土结构施工裂缝的精准控制。其裂缝控制实施的关键是：

1）开发建立基于 AI 算法的大体积混凝土结构施工裂缝智能化监控系统，通过温差监控做好混凝土结构裂缝控制。其主要实施方法是：以某大体积混凝土智能化远程测温监控系统为例，其实施过程首先根据施工要求在现场关键监测部位布设传感器实时获取温度值，采集的温度数据通过采集节点传输至协调器节点，再由协调器节点将温度数据传输至云端服务器，通过云端服务器与智能化监测系统进行对接，这时人工智能算法会对传输过来的温度数据进行分析和处理，当监测的温度数据超过系统设置的温差阈值时，系统做出相应响应给出温差裂缝控制建议和主动控制措施，管理人员可以通过可视化系统采取相应措施进行现场混凝土结构温差裂缝控制，实现对大体积混凝土水化热过程中温度变化状况的智能化监测，指导现场大体积混凝土结构施工浇筑和温差控制。

2）开发建立大体积混凝土结构施工智能化养护系统，通过智能养护做好温差和自收缩裂缝控制。其主要实施方法是：在大体积混凝土结构施工现场布设智能化喷淋系统或者采用智能化混凝土养护机器人，结合数值模拟分析结果、现场温度监测结果、工程经验和标准规范中的重点养护区域喷淋养护液或清水，编制养护时间、频率、喷淋量的 AI 算法，动态或定时对大体积混凝土结构进行施工时养护和龄期喷淋养护，防止和减少混凝土裂缝的产生，将因温差和自身收缩而产生的混凝土裂缝降至最小范围。

问题 34：如何引入智能化技术，做好现场预制混凝土构件质量检测？

预制混凝土构件质量检测是装配式结构工程质量检测的关键内容，传统质量检测方法是针对不同的质量检测内容进行的，预制混凝土构件质量检测内容一般包括：预制构件进场质量验收、构件外观质量验收、后浇混凝土强度验收、钢筋套筒灌浆连接质量、钢筋焊接质量、机械接头质量、预制构件焊接质量、预制构件螺栓连接质量、结构尺寸偏差、外墙板防水质量等等。其中多数指标如强度、灌浆饱满度，通过检查记录、试验报告及评价记录进行质量控制验收。而质量检测内容数量众多，检测方法也各不相同，质量检测方法较为成熟的同时，使得引入智能化方法改善质量检测具有较大的困难。

因此，针对不同的质量检测内容，需要提出不同的智能化质量检测思路，结合众多智能化技术如智能传感器技术、图像识别和机器视觉、数字孪生、物联网技术和自动化检测设备，逐一改善预制混凝土构件质量检测方法。如外观质量检测，需要针对所有的预制混凝土构件，传统的检测方法为观察记录，通过引入图像识别和机器视觉技术代替人工观察，对连接部位、构件主体进行检查，识别裂缝等缺陷；结构尺寸偏差检测，垂直度、倾斜度、相邻构件平整度等，传统方法利用全站仪、经纬仪、尺量等进行构件抽查，则可利用高精度的感知技术，实现 3D 扫描重建，对 3D 模型进行结构尺寸偏差检查，同时具有对全结构进行检查的能力。

要做好现场预制混凝土构件质量检测，应重点关注以下重点工作：

1）研究基于单目视觉的预制混凝土构件边缘检测技术。该方法将构件图像作为研究对象，通过结合动态形态学算子与 Canny 算子来提取目标边缘。利用最小二乘法拟合滑动窗口中的边缘点，将拟合直线离散化为结构元素，并在原位进行形态学计算以提取边缘。

2）研究基于深度学习的预制混凝土构件截面几何参数识别技术。此方法确定预制混凝土构件截面的控制参数，以提取的边缘坐标作为输入，控制参数作为输出，快速生成各构件截面的数据集。

3）研究基于 PSPNet 的预制混凝土构件图像语义分割模型。该模型旨在解决图像背景复杂、边缘难以提取的问题。

4）研究基于双目视觉的预制混凝土构件截面几何参数识别。利用语义分割模型提取预制构件和深度信息，通过随机采样一致性算法确定截面所在的平面，结合提取的边缘数据和相机内外参数转换矩阵，实现截面几何参数的识别。

5）研究基于深度学习的预制混凝土构件表面缺陷识别。通过获取构件表面的典型缺陷图像数据集，并采用生成对抗神经网络进行数据扩充，再训练深度人工神经网络来实现构件表面缺陷的图像分割和识别。

问题35：如何引入智能化技术，做好混凝土结构施工的质量管理和检测？

混凝土结构施工质量的管理和检测是确保建筑工程安全性、耐久性的关键环节之一。但传统的人工检测和管理方法往往存在效率低、成本高、精度低等问题。20世纪90年代以来，无损检测技术（如超声波检测、射线检测等）和计算机技术（如计算机辅助设计、建筑信息模型等）等技术的发展极大地推动了混凝土结构施工质量检测和管理的现代化。近年来，随着计算机视觉、大数据、物联网、机器人、人工智能等技术的发展和应用，混凝土结构施工的质量管理和检测逐步进入了智能化时代。

智能化的质量管理和检测技术，在混凝土结构施工的各阶段均可以发挥重要作用，例如：在施工前，通过对混凝土结构进行三维建模，模拟混凝土工程施工过程，可以发现潜在问题，避免进一步的损失和工期延误；在施工中，通过监控混凝土结构的施工状态，并实时地采集质量相关的信息和数据，为混凝土结构施工质量的分析和追溯管理提供依据；在施工后，通过分析完整记录的混凝土结构施工质量的施工、检测、验收等信息和文件，可以进一步支持混凝土结构施工质量分析和治理。

因此，实施混凝土结构施工的智能化质量管理和检测，应从以下多个方面着手：

（1）构建混凝土结构质量管理知识库与数据库

1）建立混凝土结构质量管控知识库。汇集并整理大量关于混凝土施工工艺、质量问题、解决方案、规范标准等信息，建立可共享、可更新、可快速查询的质量管理知识库。

2）开发混凝土结构施工质量管理数据库系统。在工程项目开始前，创建基于项目具体要求的施工质量数据库，记录相关的质量检测参数、材料参数、供应商、施工人员、检测人员等信息，形成完整的质量数据链，支持后期的查询和问题追溯。

（2）混凝土结构模型的建立与动态更新

1）建立混凝土结构信息模型。使用建筑信息建模技术构建详细的混凝土结构模型，以三维模型为载体记录构件的几何信息、材料信息和施工工艺信息等，为后续的质量检测和数据链接提供基准。

2）信息模型的动态更新。在施工过程中，基于物联网技术使用智能传感器和检测设备实时收集施工质量数据，驱动BIM模型的更新，并反映实际的施工进度和质量的问题与偏差，以支持管理人员及时调整管理方案。

（3）智能化检测装备的应用与集成

1）智能检测设备。使用并集成三维激光扫描仪、红外热成像仪等先进检测装备，对混凝土结构的几何尺寸、表面质量、内部缺陷等进行全方位检测，提高混凝土结构施工质量的检测精度和效率。

2）无人检测装备与检测机器人。通过无人机搭载高精度摄像头、红外成像设备、激光雷达等传感器或开发移动智能施工检测机器人，可以快速获取混凝土结构的表面情况、裂缝分布、热量分布等信息，覆盖人工无法检测或危险系数较高的区域，进一步减少人为误差。

（4）混凝土结构施工质量数据分析

1）建立数据存储与分析平台。采集到的质量数据应支持无线网络传输至云端和数据库；建立混凝土结构施工质量数据分析平台，使用大数据分析和人工智能算法实现数据分析，识别潜在的质量问题，并生成预警和改进建议。

2）基于人工智能模型的施工质量合规性评估和追溯。构建基于人工智能技术的质量评估模型，利用机器学习算法对采集到的施工质量数据进行自动分析，分析影响质量的多种因素（如材料配比、施工环境、设备运行状态等），评估混凝土结构施工质量的合规性。

3）建立施工全过程的质量追溯体系。通过数据标记、日志记录等，追踪混凝土结构施工每一道工序、每一批材料的质量信息。发生质量问题时能够快速定位问题源头，提供详细的追溯路径和原因分析，辅助管理人员采取纠正措施和快速决策。

问题36：如何引入智能化技术，做好钢结构的精准拼装、焊接和质量检测？

钢结构的精准拼装、焊接和质量检测是现代建筑施工中的重要环节，直接影响工程的安全性、耐久性和施工效率。随着建筑规模和复杂度的提高，传统的人工施工已无法满足日益严格的精度和质量要求。通过引入智能化技术，可以提升钢结构施工的自动化水平，减少人为误差，确保施工质量。

（1）钢结构精准拼接

1）虚拟预拼装技术。首先，利用三维激光扫描仪对加工厂生产完成的构件进行扫描，形成点云模型。然后通过深化设计BIM模型与点云模型进行配装及虚拟预拼装。

2）机器人辅助拼装。利用深化设计BIM模型迭代生成可以指导现场施工的施工BIM模型，在实际施工中，通过拼装机器人代替人工操作，根据BIM模型的指引，自动识别构件位置，并通过视觉传感器实时调整，确保拼装过程中构件的对位精确。

（2）钢结构智能焊接

1）免示教自动焊接工作站。首先，结合焊接工艺知识库、专家库实现基于构件的焊接工艺自动生成。然后，利用视觉引导实现工件逆向建模，自动进行焊接路径规划。最后，基于最优焊接路径生成机器人控制指令，驱动焊接机器人自动化作业。

2）焊接工艺参数动态监控。首先，利用电流、电压传感器实时采集焊接电流、电压实时数据。然后，利用 CCD 相机进行焊接熔池实时监控。最后，通过智能算法融合多种模态焊接过程数据，预测焊缝成型指令，根据预测结构进行焊接工艺参数自适应控制。

（3）焊接质量检测

基于模型的焊接质量检测。首先，使用三维测量仪、2D 相机和超声波探伤仪对焊缝成型机内部质量进行检测，主要包括：

1）焊缝形貌。观察焊缝成型是否有未熔合、咬边、焊缝平直度等。

2）无损检测。发现焊缝中的气孔、裂纹等潜在缺陷，避免影响结构的长期使用性能。

然后，将焊接质量信息挂载至三维 BIM 模型，进行焊缝成型质量数据的存储以及可视化。

问题 37：如何引入智能化技术，做好机电管线设备安装的精益施工和质量检测？

在机电安装实施前和实施过程中，可引入先进的混合现实技术以做到精益施工和质量检测。具体可以实现的做法是先通过 BIM 模型导入虚拟现实软件中，接着在机电安装前或者执行过程中通过基于精确定位的建筑实景扫描技术，以在线或离线收集的方式建立不同时间点的实际模型，然后将 BIM 和实景模型进行充分融合和比对，为后续纠偏提供帮助。这种模式下避免了传统建设模式下反复现场确认导致的效率低、劳动强度大、专业依赖性强等弊端，具体可以解决下列问题。

1）对不同建造阶段的机电管线系统进行复核，以确保实模一致，避免偏差导致的后续管线无法安装问题。

2）直观地将现场实际和模型进行充分融合，在验收前能让建设方、监理、设计和施工方明确各类管线走向，确保设计和建设符合规范要求，同时支持各阶段建设的效果展现，便于进度控制和分专业交底工作。同时支持隐蔽工程的查看，便于后续改造的变更中的基础资料提供。

3）通过在分析平台建立虚拟的吊顶层，方便现场检查各层机电管线的标高，为建设过程中的净高控制提供借鉴；而机电工程中，预留孔洞的精准程度将直接影响管线的精确位置，因此可利用虚拟现实的结合检查建筑实际开洞与设计的偏差，避免后续调整的返工。

4）施工流程可视化：在施工阶段，利用BIM数字化施工管理平台实现施工流程的可视化。通过BIM模型，施工团队可以清晰地了解各工序的具体要求和顺序，减少施工中的误解和错误。施工流程的可视化还可以帮助项目经理进行更有效的施工质量管理，确保各项工作按计划进行。

5）实时监控与数据采集：利用BIM技术结合物联网（IoT）设备，实现对施工现场的实时监控和数据采集。将传感器和摄像头安装在现场施工场地内，利用传感器和摄像头将现场实时数据传输到BIM模型中，形成动态更新的施工状态图。项目管理人员通过这些数据，及时发现并协调解决现场施工问题，确保施工质量达到预期标准。

6）质量管理信息收集与录入：通过施工管理手持端设备拍摄现场施工完成后的照片，在线填写质量检测报告并上传至后端管理平台，形成完整的质量管理档案，项目管理人员通过这些数据科学、高效地对现场施工质量进行管控。

问题38：如何引入智能化技术，做好装饰装修工程的精益施工和质量检测？

智能化技术在装饰装修工程中的应用主要是指以BIM为基础引入大数据、人工智能和物联网等先进技术，通过数字化、信息化与智能设备的深度结合，以透明可追溯的数据贯穿施工全流程，实现施工过程的精益化和管理的高效化。

系统化发展智能技术在装饰装修工程中的应用关键在于：一是适用于项目对象的工艺结构的合理化拆解形成工艺数据链，其中包括实施顺序的拆解、数据内容、来源、关系及交付形式与需求的确定、数据标准化描述；二是数字模型与智能生产加工设备/机器人的数模联动，通过对计算机辅助设计与计算机辅助建造系统的结合，实现模型建立功能、运动学建模功能、路径规划功能；三是智能化技术专项阶段适配性组合应用，结合项目各阶段实际使用需求，将如物联感知IoT、机器学习、大数据分析等各种智能手段有机结合，形成装饰工程各阶段定制化智能辅助作业方案。

其中，应用智能化技术实现装饰装修工程精益施工和质量检测的重点涉及以下几点：

对应不同施工场景，通过对前置各类数据的分析、应用之类，结合各种智能化手段（物联感知、图像识别、深度学习之类），赋能精益施工和质量检测。

1）勘察测量阶段，在数字化技术与现代测量学科的基础上融入智能化技术，建立非接触式的高精度、高效率智能化勘察测量新模式。空间点云采取的过程中在搭载平台上新增了自动路线规划的四组机器人，进一步提升了单人测绘效率至接近30%，在点云处理过程中现在的AI技术已支持对点云模型特征点的训练识别与自动分割，在面对像球形网架、常规墙体这类体量大、特征点多的情况下逆向建模效率可提升一倍以上；通过无人机倾斜摄影技术结合AI图像识别算法，可实现外立面典型劣化特征的智能批量化诊断；通过智能三维放样技术实现施工现场控制线与安装点位的高精度、可视化自动测放，为深化设计提供数据支撑，辅助构配件精准安装。

2）深化设计阶段，基于BIM正向设计、参数化设计、有限元仿真分析等数字化设计技术实现三维环境中的多专业数字协同设计与深化调优；基于工艺数据链的辅助深化设计软件，目前可实现如轻钢龙骨、大吊顶转换层之类基层的大批量自动建模，且支持结构、洞口自动避让、自动统计工程量等功能，赋能各类装饰装修工程的设计落地与精致建造。

3）材料加工阶段，基于一体化设计生产数模联动加工技术，打通深化设计端与产品加工端的数据壁垒，实现下单数据的自主无损识别。通过多数控加工技术实现装饰装修主材及构配件的工业级精密加工和批量化快速生产；通过3D打印技术实现复杂装饰装修造型的快速打样与复刻。同时，基于柔性自动化生产技术FMS结合物联网IoT、人工智能技术，让装饰装修构建的柔性化生产成为可能，该方式打破传统生产模式的限制，实现了设计与生产流程的无缝对接，确保了柔性化智能生产的可能。智能化系统能够根据不同订单需求灵活调整生产计划，实现个性化定制与批量生产的高效融合，提升生产效率和响应速度。

4）施工安装阶段，得益于人工智能技术及机器人技术的发展，机器人在装饰装修施工阶段得到了广泛的发展与应用，现已成熟应用的有智能放样机器人、喷涂打磨三合一机器人、地坪整平机器人、次钢结构焊接机器人以及智能石材铺贴机器人。以次钢结构焊接机器人为例，集成6轴机械臂、自动化焊机等，解决了次钢焊接用工难、工效低的问题，焊接时间缩短80%，提升焊接效率70%以上。机器人技术的应用与研究在提升产业化水平，保障施工质量与效率，降低安全管理风险等环节上势必会起到越来越大的作用。

5）施工管理与质量检测，基于多终端、多模态、多领域的数据集成与业务集成，实现数据驱动的关键业务一体化敏捷响应和动态优化；借助增强现实AR技术，结合智能监控系统，施工进度的可视化分析变得更加直观，使项目管理能够通过实时数据反馈，快速做出精准决策。该模式下不仅提升了项目管理信息的可追溯性与可查阅性，通过大数据分析，亦可预测潜在风险，优化资源分配，确保项目按时按质完成，从而推动建筑行业向智能化和数据驱动的未来迈进。

通过这一整套的系统化方案，可以优化工作流程，显著降低工作人员烦琐的重复劳动，提高作业效率，降低成本。施工作业数据的透明易读极大程度地提升了管理的效率，保证了施工质量的稳定和可靠。

问题 39：如何引入智能化技术，做好木结构安全风险监测控制？

木结构安全风险监测控制是指在木结构工程中利用物联网、大数据分析、智能化管控等技术，对木结构工程进行实时、全面的安全风险监测，通过智能化手段收集、处理、分析监测数据，识别木结构潜在的安全风险，及时发出预警信号以确保木结构工程的结构安全和使用安全。

引入智能化技术，做好木结构安全风险监测控制的关键：一是开展高精度传感器与实时监测网络的研发工作，通过传感器精确测量影响木结构安全的关键参数，如木材含水率、温湿度、蠕变、烟雾浓度、火焰辐射等，将数据实时传输到云端平台，实现对木结构状态的实时监测。二是开发数据分析与风险预警平台，利用机器学习或人工智能等先进技术，基于历史数据、实时数据和标准规范对木结构进行安全评估和风险预测。

其中，引入智能化技术，做好木结构安全风险监测控制的主要实施对策如下：

（1）木结构智能化监测网络的构建

1）分析木结构安全风险监测的需求，确定梁、板、柱、墙和节点等关键部位的选取规则，以及不同部位间相互关联的内在逻辑关系。

2）传感器和数据采集设备的选择与部署，根据木结构所处的纬度、地理位置、气候条件、功能用途、结构形式、材料类型等，选择合适的温湿度传感器、烟雾或火焰传感器、含水率传感器、高光谱激光雷达等仪器仪表，分别监控环境变化、火灾情况、水分变化、霉变虫蛀等关键参数，实现对木结构状态的实时、全面监测。

3）将各类传感器和数据采集设备的监测数据有效传输，集成并构建一套能够自动采集、传输、预处理的智能化监测网络。

（2）木结构监控数据分析平台的开发

1）开发数据监测平台，将监测网络的若干电信号，转化成对应数据，实时展示监测数据，并运用大数据技术对监测数据进行整合分析。

2）开发预警管控系统，基于机器学习和人工智能算法，根据标准规范和知识数据库，智能评估木结构安全状态，提示预警信息，使管理人员可通过移动设备随时随地查看木结构安全状况，及时响应安全风险，实现高效、便捷的远程监控与管理。

(3) 引入智能化技术，做好木结构安全风险监测控制的主要优势

基于智能化技术的木结构安全风险监测控制可实现对木结构的实时监测、分析和预警，降低人工巡检成本，有效提升木结构的安全性、可靠性和使用寿命，预防安全事故的发生，减少人员伤亡和财产损失。

问题 40：如何引入智能化技术，做好工地现场施工安全的智能化管控？

工地现场施工安全的智能化管控是指利用现代信息技术、物联网、大数据、人工智能等智能化技术，对施工现场的安全状况进行实时监测、分析、预警和管控，以提高施工现场安全管理水平，确保施工人员的人身安全和工程顺利进行。

施工安全智能化管控系统能够对施工现场进行全天候监控，实时监测各种安全隐患和异常行为，在发生紧急事件时，智能化系统能迅速提供应急指导和预案，缩短事故处理时间，降低事故造成的损失。通过收集和分析大量历史数据和事故案例，智能化系统能够为管理层提供数据驱动的决策支持，帮助其制定更加科学合理的安全管理策略。

做好工地现场施工安全智能化管控的关键：一是构建综合性智能化安全管控系统，通过集成视频监控、环境监测、人员定位、设备状态监控等子系统，实现数据统一管理和流程自动化协同作业。二是培训内容需覆盖系统功能、操作指南、应用场景及紧急应对措施等方面，旨在增强现场人员对智能化安全管控系统的理解和运用能力，确保系统的高效运作。三是持续优化与技术升级，依据现场反馈不断调整和优化系统，并紧跟技术创新的步伐，引入先进科技应用于施工现场管理之中，增强智能化管控系统的性能与效率，确保系统始终满足施工现场不断变化的需求。

其中，工地现场施工安全智能化管控的重点工作在于综合性智能化安全管控系统的构建与优化：

1）需求调研。了解施工现场的具体情况，包括施工环境、人员配置、设备状况等，明确需要解决的安全问题。

2）目标设定。根据需求调研的结果，确定系统需要实现的主要目标，例如全天候监控、响应速度等。

3）模块设计。选用适合施工现场环境的摄像头、传感器、定位装置等硬件设备；设计视频监控、环境监测、人员定位、设备状态监控等子系统，确保每个模块都能独立运行且相互之间可以无缝集成；搭建中央数据处理平台，用于汇总各个子系统的数据，实现数据分析与决策支持等功能。

4）日常运维。建立完善的运维机制，定期对系统进行检查与维护，确保系统长期稳定运行。

问题41：如何引入智能化技术，做好施工人员管理？

施工人员管理是指在建筑施工过程中，对施工人员的组织、指导、监督和协调等一系列活动的总称。它涉及对施工人员的招聘、培训、工作分配、绩效评估、激励、安全监管、健康管理等多个方面。施工人员管理的目标是确保施工人员具备完成工作任务所需的技能和知识，同时保障他们的安全与健康，提高工作效率，实现项目目标的顺利完成。

在传统施工管理中，这些活动往往依赖于人工操作和经验管理。随着技术的发展，智能化施工人员管理应运而生，它利用现代信息技术、物联网、大数据、人工智能等手段，对施工人员进行更加高效、精准的管理。通过智能化手段，施工人员管理可以实现对施工人员的实时监控、数据分析、智能调度等功能，从而提高施工管理的科学性和有效性。

智能化技术在施工人员管理中的具体应用场景：

1）智能招聘与筛选。利用智能算法分析求职者的简历、技能评估和在线行为，以预测其工作表现和适应性。这种分析有助于招聘团队迅速识别潜在候选人，并做出更加精准的招聘决策。

2）在线培训与模拟。借助虚拟现实（VR）或增强现实（AR）技术，模拟真实工作场景，为施工人员提供沉浸式培训体验。这种体验允许员工在安全的环境中学习和练习复杂或危险的任务，从而提高他们的技能和安全性。

3）实时定位与调度。通过集成GPS、蓝牙或RFID技术，实时跟踪施工人员的位置。结合智能调度系统，可以根据人员的位置和可用性，自动分配任务并优化工作流程，提高工作效率。

4）智能安全监控。利用计算机视觉技术，实时自动识别施工现场的不安全行为，如不戴安全帽或违规操作，并立即发出警报，确保施工人员的安全。

5）自动化考勤与工时管理。采用RFID技术自动记录施工人员的出勤情况，准确计算工时，减少人为错误，提高考勤和工时管理的效率。

6）健康监测与预警。通过智能穿戴设备监测施工人员的心率、体温等生理指标，系统可以根据这些生理数据评估施工人员的身体健康状态，并生成详细的报告和图表。这不仅有助于及时发现健康问题，还能为施工人员提供个性化的健康管理建议，提升整体健康水平。

问题42：如何引入智能化技术，做好施工环境监管？

智能化技术在施工环境监管中是指通过部署传感器网络、物联网、大数据分析、人工智能（AI）、无人机、智能摄像头等技术手段，对施工现场的环境参数（如粉尘、噪声、振动、空气质量等）进行实时监测与管理。结合自动化控制和智能决策系统，这些技术可以实现施工环境的动态监管，确保施工过程的环保性和安全性。

引入智能化技术做好施工环境监管的关键包括：

1）智能工程组网监测系统的部署。首先在施工现场布设各种环境监测传感器，如噪声传感器、粉尘传感器、空气质量监测仪、振动传感器等，实时监测施工环境的各项指标。通过物联网技术，这些传感器将数据实时传输到中央管理系统。同时，利用无人机和智能摄像头对施工现场进行实时巡查，监控施工过程中的扬尘、噪声、设备运行状况等。无人机可以覆盖难以到达的区域，提供高精度的环境数据和图像信息。

2）大数据分析与AI预测。首先通过传感器网络和其他监测设备采集的环境数据，结合大数据分析技术，实时分析施工现场的环境状况。大数据平台可以整合历史数据和实时数据，识别环境污染的趋势和潜在风险。然后，采用人工智能技术对环境数据进行深度学习和预测，提前识别可能的环境问题，如高噪声区、扬尘严重区域等，并自动提出应对措施或优化施工流程。

3）自动化控制与调节。通过引入智能化的除尘和降噪设备，如自动喷雾系统、降噪屏障等，能够根据实时监测数据自动启动或调节工作强度，控制扬尘和噪声的扩散。对于可能产生污染的设备和工序，如柴油机、焊接作业等，系统可以实时监测排放情况，并在超标时自动调节设备运行参数，或暂停施工。

4）集成化管理平台。通过采用智能化管理平台，将所有监测数据进行整合和可视化展示，实时反映施工环境的动态变化。一旦监测数据超过安全阈值，系统将自动发出警报，并启动相应的应急预案。管理平台可以定期生成环境质量报告，分析施工过程中的环境影响，并根据分析结果优化施工方案，减少对环境的不利影响。

5）智能化无人机与机器人辅助施工。通过采用无人机，定期或不定期的环境巡查，尤其是在大型施工场地或难以触及的区域，监测扬尘、噪声和废气排放等情况。无人机可实时传输监测数据，并通过AI分析系统进行处理，识别环境问题。通过采用智能机器人，可以在施工现场执行定期的环境检测任务，代替人工操作，实现高效、精准的环境监测。例如，机器人可以在特定区域检测空气质量、噪声水平，并将数据传输至中央管理系统进行分析。

主要实施对策如下：

1）全面部署环境监测设备。在施工现场布设包括噪声、粉尘、振动、空气质量等多种传感器，形成全方位的环境监测网络。同时，利用无人机和智能摄像头覆盖难以到达的区域，进行全面的环境数据采集和监控。

2）构建智能化管理平台。通过建立集成化的智能环境监测管理平台，整合各类环境监测数据，提供实时监控和分析功能。通过采用智能预警系统，设定环境质量阈值，当监测数据超过阈值时，系统将自动发出警报，并建议或直接实施应急措施。

3）应用AI与大数据分析。通过采用大数据平台对实时环境监测数据和历史数据进行综合分析，识别潜在的环境风险。通过采用AI技术进行环境变化的预测，提前制定应对策略，优化施工流程，降低对环境的影响。

4）智能化调控与应急管理。通过采用智能除尘、降噪设备和排放控制系统，自动调节设备的运行状态，确保环境指标在安全范围内。同时，建立智能应急响应机制，当检测到环境指标异常时，自动启动应急措施，如减少或暂停施工、调整工艺等。

5）持续优化与反馈机制。定期评估环境监测与控制系统的效果，通过数据反馈不断优化系统性能和控制策略。同时，引入最新的传感器和AI技术，持续升级智能监测设备和管理平台，确保施工环境监管的精准性和有效性。

通过引入智能化技术，施工环境监管能够实现全面、实时、精准的监控与管理。结合高精度的环境监测设备、大数据分析和人工智能，施工过程中的环境影响可以被动态预测和有效控制。智能化管理平台和无人机、智能机器人的辅助，也能大大提高巡检效率。这些技术措施不仅确保了施工过程的环保性和安全性，还推动了施工现场管理向更加智能化、自动化的方向发展。

问题43：如何引入智能化技术，做好工程机械管理？

工程机械智能管理是利用物联网、互联网平台等新一代信息技术建立数据驱动的工程机械的管理模式，达到效率提升、操作安全、环境友好及成本控制的目标，配套建立平台式的服务模式。

采用智能化技术，做好智能工程机械的关键：一是面向管理需求，建立面向不同工况下的工程机械多源异构数据的采集及传输工作；二是建立数据驱动的工程机械的智能分析算法，包括故障诊断、行为识别等；三是建立平台化的工程机械服务模式。

其中，提升工程机械管理的实施对策如下：

（1）工程机械多源数据采集及传输的主要内容

1）分析工程机械管理的数据来源需求，包括：产品资料、场地模型、作业操作数据、作业工况数据、环境数据等。

2）建立工程机械数据的采集方案，进行传感器的部署。

3）建立工程机械数据的组网传输方案，以无线网络传输为主。

（2）数据驱动的工程机械现场管理智能分析的主要内容

1）面向安全、能耗、质量、效率等现场管理业务需求，以多源数据采集为基础，建立不同业务场景的数据库。

2）基于大规模数据集，综合运用深度学习、迁移学习、强化学习等方法建立不同场景下的工程机械管理的智能分析算法。

3）将智能分析算法进行现场的实施部署，并建立基于智能分析结构的现场管理响应机制。

（3）以平台化为基础的工程机械管理服务的主要内容

1）从工程机械管理全生命周期的视角建立服务模型，包含：工程机械设备租赁、维护保养、检测诊断、安全防护、远程作业管控等方面。

2）搭建工程机械的智能服务平台，建立各类服务的匹配算法，实现不同用户需求的快速响应。

3）配套平台建立工程机械管理体系，实施应用。

问题 44：如何引入智能化技术，做好工程物料运输和管理？

智能化物料运输和管理是指利用物联网、移动设备等关键人工智能技术，实现工程物料运输和管理的全流程信息化管理，并实现电子存档，替代常规的仅依靠人工、纸质化的管理模式，能够实现工程物料运输和管理高效率、低成本以及高质量。

利用智能化技术实现工程物料运输和管理的关键在于：一是重点开展自动化仓储技术在工程行业中的应用，重点研究物流供应技术，包括自动化导引车（AGV）、自动化存储和检索系统如何在工程物料和管理方面应用。二是结合工程建造特点，研究物联网技术在构件、物料运输和管理过程中的应用，主要包括物联设备的安装数量、位置，物联网在整个管理过程中的搭建。三是做好数据分析和决策，通过对管理系统中的数据分析，研究其与工程进度和现场管理如何结合，实现智能决策。四是做好电子存档，所有流程都将实现数字化存档，做到资料终身储存、数据可追溯。

其中，应用智能化技术实现工程物料运输和管理主要实施对策和优势如下：

（1）工程物料智能化运输和管理的主要实施对策

1）明确工程物料智能化运输和管理整体框架，以及在此框架下具体任务需求。

2）根据物料厂、建设项目以及物料特点，搭建整体的物料运输、管理智能化平台，平台上能够获取任务需求、追踪物料运输状态，同时包含子管理平台，子管理平台可以记录物料在现场的使用情况，实现电子化管理存档。

3）搭建物联网运输管理，根据平台要求，通过车辆 GPS 定位追踪当前运输状态，对运输构件安装 RFID、二维码等物联设备，实现每个构件出厂前、项目进场前全过程追踪、管理。

4）借助 APP、智能算法、计算机视觉，对工程建设现场的物料使用进行管理，负责人准确地记录构件、物料的使用时间、安装地点等关键信息，并通过管理平台准确判定当前物料储备情况。

（2）机器人施工作业的主要优势

相比传统的人工记录、纸质存档，工程物料智能化运输和管理能够实现自动化存储、管理，从而提高效率和准确性；大大减少对人工的依赖，有效降低人力成本；实时监控物料运输过程，及时发现并处理潜在的安全风险，提高工程现场的安全管理水平；同时利用大数据分析，可以对物料需求、运输路线、库存水平等进行精准预测和智能决策，提高管理决策的科学性和有效性。

2.3.3 智能建造施工装备问题及对策

问题 45：如何发展和应用智能造楼机辅助工程施工？

智能造楼机是超高结构建造的关键技术装备，主要由钢平台系统、模板系统、爬升系统、支撑系统、脚手架系统、智能监控系统六大部分组成，主要工艺是通过支撑系统与爬升系统的交替支撑进行移动式爬升作业，进行混凝土结构施工的模架装备[9]。

发展和应用智能造楼机的关键，一是加强造楼机各组成部件的标准设计和工业化施工水平，提升造楼机本身构造设计与制造的智能化水平；二是将主体结构、二次结构、机电安装、装饰装修等施工所需的机械化工艺装备与造楼机进行一体化集成，尤其是模板系统、爬升系统、布料系统、吊装作业系统等关键设备设施的机械化构造与造楼机进行一体化集成，实现造楼关键施工过程与环节的机械化自动施工作业；三是开发智能化远程监控系统，通过在造楼机各个部件上布设传感器，辅以软禁控制系统，远程监控造楼机各个部件性能、作业姿态，同时对造楼机的爬升进行控制，提升造楼机的远程智能化施工管控能级；四是探索将造楼机与各类智能化施工机械设备，尤其是建筑机器人进行一体化集成，将其打造成智能化控制的空中集成施工机械装备，并逐步往空中造楼机器人方向发展[10]。

具体而言，要重点做好以下几个方面的工作：

1）将智能造楼机各个组成构件进行标准化、模块化设计，以标准化构件设计与加工，实现造楼机的工业化制造与快速拼装；开发智能化造楼机设计拼装系统，实现智能造楼机的快速虚拟拼装设计，提升造楼机的设计工效。

2）将智能造楼机的关键部件进行机械化开发，通过与造楼机施工配套的模板系统、布料机系统、钢筋绑扎系统、吊装作业系统等关键施工环节的机械构造，实现空中造楼的各个施工工艺环节机械作业，并结合各环节机械设备的迭代升级，提升造楼机的整体机械化属性和工业化建造能级。

3）在智能造楼机的关键受力构件上、关键施工设备设施上，以及现场作业空间监控等方面布设智能传感器，构建现场工程物联网系统；系统总结造楼机造楼作业规律、作业安全风险监控要素及其预警预支，开发智能化造楼机施工推演与监控算法，辅以智能化远程监控系统实现对造楼机的远程智能化管控[11]。

4）通过各个施工工艺环节的机械工业化施工以及智能化监控，实现造楼机的智能化施工作业；同时逐步对其他各类施工场景的智能机械设备、智能机器人与造楼机进行一体化集成，构建多机协同的施工作业模式，将造楼机打造成空中造楼大型机器人。

问题 46：如何发展和应用智能推土机辅助工程施工？

智能推土机是在传统推土机及其作业流程的基础上，通过应用工程物联网、人工智能等新一代的信息技术对机械本体及施工工艺进行智能化的升级，实现高效、高质量推土作业。

发展和应用智能推土机辅助工程建造的关键：一是推土机作业数据的高精度采集，包括利用激光雷达、摄像头和全球定位系统，同步引入自主导航和避障算法，实现推土机系统的自动行驶；二是推土机的智能控制，通过建立模仿学习模型，使得推土机能够“观察”操作者的作业行为，学习高质量的控制策略，形成推土作业的专家知识库，进而支持高质量的智能推土作业。

其中，应用智能推土机辅助工程建造重点工作和优势如下[12]：

（1）智能推土机数据采集和决策变量分析的主要内容

1）根据作业需求，在推土机车身的左侧、右侧和背面安装摄像头，在推土机的顶部安装激光雷达，制定数据的传输策略。

2）构建数据与传输采集的集成装置，实现摄像头、激光雷达、惯性导航、毫米波雷达、深度相机、车辆自身作业参数数据的自动采集与解析。

3）建立既定的作业路线，通过操作人员的反复推土作业进行原始作业数据集的积累。

（2）智能推土机强化学习的主要内容

1）依据所构建的原始数据集，可采用 DCNNs（Diffusion-Convolutional Neural Networks）方法进行强化学习模型训练。

2）构建基于强化学习模型的智能操控系统，进行操控系统的部署。

3）建立面向人与推土机智能操控系统的协同机制，保障作业过程的可靠性与安全性。

问题 47：如何发展和应用智能架桥机辅助工程施工？

智能架桥机是把预制好的梁片放到预制好的桥墩上的一种智能工程机械设备，其集成了多种物联网设施、智能控制系统以实现梁片安装控制过程的自动化与高精度精准就位。

发展和应用智能架桥机辅助工程建造的关键：一是从不同施工工艺角度出发建立面向智能架桥机的作业流程，包括：架桥机线下提升作业方式、架桥机线上尾部提升方式；二是建立架桥机的智能监控系统，包括：应力监测技术、主动安全控制技术、BIM 动态模型显现技术，以保障作业过程的安全性；三是建立架桥机的智能操控模式，包括：北斗导航定位系统、光学导向定位系统以及人机对话交互系统，以构建智能架桥机的工作体系。

其中，应用智能架桥机辅助工程建造重点工作和优势如下[12]：

（1）智能架桥机工艺体系的主要内容

1）智能架桥机线下提升作业方式，适用于利用城市既有道路作为施工便道的施工现场，特别是在地下管线错综复杂的市区，具体包括：墩柱安装工艺、盖梁安装工艺、箱梁安装工艺。

2）架桥线上尾部提升方式，适用于运输架设路线中存在跨河道、跨既有线路的工况，作业方式涉及的三种安装工艺同第一种作业方式类似，相比之下增加了提梁站换装运输的工序。

（2）架桥机智能监控系统的主要内容

1）应力监测技术，实现装备在吊装过程中和过孔过程中不失稳、不倾覆，主要对支腿受压应力和主梁弯拉应力的监测，对支腿受力和主梁受力与极限应力进行比较分析。

2）主动安全控制技术，实现防超载起升、防超高起升、防超限行走、横移防倾覆、边梁防倾覆、支腿插销防护、天车防撞保护、支腿防撞保护、过孔防倾覆主要功能，检测单元包括：应力检测、倾角传感器、行程编码器、起升编码器、十字限位开关、红外测距仪、风力传感器、起升荷载限制器、销轴传感器、旁压传感器、接近开关等检测装置。

3）BIM 动态模型显现技术，通过 BIM 与 GIS 融合实现工程建筑数据与工程环境数据、微观数据与宏观数据的统一管理与一体化应用，包括 GIS 服务模块、数据分析模块、数据管理模块、智能算法库等。

（3）架桥机智能操控模式的主要内容

1）建立北斗导航定位系统，实现预制构件自动化吊装控制，系统读取预制墩柱、盖梁和箱梁起始吊装点坐标位置以及落放终点坐标位置，将参数自动捕捉到设备控制终端，根据已设定好的计算方法进行吊装作业，提高安装效率。

2）建立光学导向系统，实现落梁对位过程中的精准吊装定位，具体采用机器视觉系统与三点定位法实现物实现箱梁移动对位。

3）建立人机对话交互系统，搭建工程装备指令语言数据库，构建适用于架桥机的必要指令，实现作业人员与控制终端交流与通信的相互理解，为工程架桥机提供信息管理、服务和处理等功能。

问题 48：如何发展和应用智能起重机辅助工程施工？

智能起重机是在传统起重机械及其作业流程的基础上，通过应用工程物联网、人工智能等新一代的信息技术对机械本体及施工工艺进行智能化的升级，实现安全、高效、可靠的起重作业目标。

发展和应用智能起重机辅助工程建造的关键：一是从起重作业方案阶段建立系统化、智能化的规划方法，包括：起重机及相关设施设备的选型、起重吊装现场平面布局、起重作业路径的规划、起重作业应急疏散方案模拟等；二是从起重作业过程管理角度出发建立数字化、智能化的控制系统，结合信息物理系统（Cyber-Physical System，CPS）、工程物联网技术实现起重作业过程数据的感知、传输、分析与决策，保障作业安全、提升作业质量与效率；三是采用结合人工智能等新一代信息技术提升起重机本体的智能化水平，建立具备遥操作模式和无人控制模式的起重作业新模式，在施工现场进一步实施应用。

其中，应用智能起重机辅助工程建造重点工作和优势如下[12]：

(1) 起重作业方案智能规划的主要工作

1）确定起重作业需求，明确起重作业的主要任务和具体要求。

2）建立起重机数据库及选型匹配算法，包括：起重性能指标、维修指标、经济指标，通过起重作业需求与数据库自动匹配实现起重机的选型。

3）建立起重作业场地模型及布局算法，结合 BIM 模型以及场景三维重构方法建立实施的起重作业场地模型，采用场地布局算法自动计算起重机、被吊物、就位点等相关设施的布置区域。

4）建立起重作业路径规划算法，充分考虑起重作业效率、安全、环保、场地约束等目标，依据起重作业任务需求进行起重机作业路径自动生成。

(2) 起重作业过程智能监控的主要工作

1）确定起重作业过程管理需求，包括：操作需求、安全需求、效率需求等。

2）依据管理需求，建立起重作业过程数据的采集方式，部署相关传感器设施，包括：现场环境及基础土地数据、起重机运行数据、人员身份及操作行为数据、全景的作业视频数据等。

3）依据管理需求，建立起重作业过程数据的传输方式，在考虑现场障碍物信号遮挡、易用性的因素下部署相应组网设施，多采用无线组网方式。

4）依据管理需求及采集数据，建立起重作业过程分析算法，包括：起重作业地基稳定性分析、起重机结构状态分析、起重作业人员不安全行为分析、起重作业碰撞打击风险分析等。

5）依据分析结果，建立起重作业控制方法，包括：建立操作人员作业支持系统、起重作业安全风险预警系统等，实现数据感知、传输、分析、决策控制的一体化管理。

(3) 起重机智能化升级的主要工作

1）确定起重机智能化升级需求。

2）设计起重机智能化升级的硬件方案，包括：传感器设施、控制台等。

3）设计起重机智能化设计的软件系统方案，包括：遥操作控制系统、无人控制系统等。

4）面向遥操作、无人化的控制模式，配套建立好现场的管理策略，保障起重作业安全、可靠、高质量。

问题 49：如何发展和应用智能盾构机辅助工程施工？

智能盾构机是在盾构机及其作业流程的基础上，通过应用工程物联网、人工智能等新一代的信息技术对机械本体及施工工艺进行智能化的升级，实现安全、高效、可靠的盾构作业目标。

发展和应用智能盾构机辅助工程建造的关键：一是盾构机作业的智能仿真，包括：地质空间随机场的智能仿真、盾构施工安全的多智能体仿真；二是盾构机作业的智能决策，包括：刀盘结泥饼的智能检测与决策方法，盾构机姿态的智能预测与决策方法。

其中，应用智能盾构机辅助工程建造重点工作和优势如下[12]：

（1）盾构作业智能仿真的主要内容

1）地质空间随机场智能仿真是利用有限的地质勘察资料，高效地解析与表征盾构机掘进作业所面对的地质空间环境。

2）地质空间随机场智能仿真的方法包括：高斯过程学习、非参数随机场建模、基于诱导点的高效随机场建模等。

3）盾构施工安全多智能体仿真是综合考虑现场人、盾构机、环境动态交互的密切关系，进行系统安全风险的评估。

4）盾构施工安全多智能体仿真方法包括：盾构施工现场安全系统分析及安全风险动态评估，多智能体仿真实验建模（Agent-Based Modeling，ABM），包括：个体认知 Agent、盾构机 Agent、环境 Agent，智能仿真计算系统的建立，进而实现现场的应用。

（2）盾构机作业的智能决策的主要内容

1）刀盘结泥饼的智能检测与决策其目的是建立可解释的人工智能模型对刀盘泥饼问题进行预测，支持作业智能决策。

2）刀盘结泥饼的智能检测与决策方法包括：搭建图神经网络模型，积累原始数据集并进行盾构掘进图构建，建立时空隧道掘进的卷积网络。

3）盾构机姿态的智能预测与决策目的是建立数据驱动的模型对盾构掘进失稳、失效、失准问题进行预测，支持作业智能决策。

4）盾构机姿态的智能预测与决策方法包括：盾构运行参数数据的分析、关键参数数据筛选与去噪、智能仿真与预测混合模型的建立。

问题 50：如何发展和应用智能搅拌站辅助工程施工？

智能搅拌站是在传统搅拌站基础上，通过集成现代信息技术、自动化技术和先进管理理念，升级混凝土设备，借助高度自动化的控制系统，实现对混凝土生产全过程的实时监控、数据采集、分析和优化管理。

发展和应用智能搅拌站的关键：一是重点研究 ERP 系统集成，研究搅拌站管理涉及的功能模块，诸如业务管理、调度管理、实验中心、车辆管理等，实现办公自动化、生产智能化、设备数字化、管控可视化。二是研究适用于搅拌站生产的自动化控制系统，能够监测每一个关键生产设备，如料仓、搅拌机、输送带等，实现远程监控和故障诊断、实时调控，提高生产效率和设备运行的可靠性。三是做好借助算法和智能实现生产设备的智能化升级，例如，采用先进的传感器技术和控制算法，实时监测混凝土的搅拌质量，自动调整搅拌参数；算法赋能，根据生产需求自动调整供料速度和比例，实现原材料的精准供给。四是利用大数据实现智能决策，不断地收集生产数据，集成数据，研发大数据模型，实现智能决策。

其中，应用智能搅拌站辅助工程建造重点工作和优势如下：

（1）建设和推广智能搅拌站的主要工作

1）根据搅拌站生产能力和地区混凝土需求量，对搅拌站进行整体产能规划和生产条线设计。

2）对搅拌站的 ERP 系统进行统筹升级，根据主要的混凝土生产类型进行主要功能模块设计，梳理出各业务模块的逻辑关系，使混凝土生产清单明晰，为办公自动化、管理流程标准化奠定基础。

3）根据任务规划，建立智能化生产设备，通过加装或是直接购置物联设备，改造搅拌机、料仓、输送带等关键设备，实现各个设备的自动化生产和过程监测控制。

4）根据生产线和项目部反馈的动态信息，及时调整供料速度和供料比例，同时依据安装在固定点位反馈的视频信息，运用深度学习判定混凝土当前料态，动态调整混凝土性能。

5）对运输车辆安装 GPS 定位系统，并适时反馈至智能搅拌站后台，动态调整运输计划，对等待时间或运输时间过长的混凝土罐车发出调控指令。

（2）智能搅拌站的主要优势

智能搅拌站通过集成智能化、信息化、自动化等技术，相较于传统混凝土搅拌站，能够节省人力成本、提高生产效率，借助计算机视觉和智能算法，混凝土生产质量更加稳定，通过自动化控制和信息化管理，混凝土生产更加绿色环保。

问题 51：如何发展和应用机器人技术辅助工程施工？

机器人辅助工程施工是指在工程施工中通过应用的自主化、智能化、协作化机器人替代或辅助人工进行现场施工作业，将作业人员从繁重、危险、恶劣环境等施工作业中解脱出来，实现工程施工的降本增效和高效安全精益建造。

发展和应用机器人技术辅助工程施工的关键：一是重点开展建筑机器人的关键共性技术研发与应用工作，其共性技术包括机器人模拟仿真、机器人感知技术、末端精准定位技术、智能检测技术、机器人软件算法、核心部件组成，通过共性技术的研发，掌握机器人的核心技术。二是结合个性化的场景需求，通过共性技术的排列组合，融入个性化的场景算法和技术开发，定制化地设计、制造和应用专项机器人，分类分项研发和应用机器人。三是做好机器人的迭代升级工作，结合机器人的现场应用效果，不断优化和升级改造机器人，不断提升其工程适用性和经济性，真正地帮助项目实现降本赋能、提质增效。四是应重点做好机器人的现场施工部署、施工作业准备、施工作业实施等，将机器人的功效落到实处。

其中，应用机器人辅助施工作业重点工作和优势如下[13]：

（1）机器人施工部署的主要工作

1）确定任务需求，明确机器人需要完成的任务，以及任务的具体要求。

2）需要进行项目规划和设计，根据具体的建筑需求和要求，设计出适合机器人施工的方案，包括确定机器人的类型、数量、功能和成本，以及施工过程中的安全措施和监控系统。

3）根据项目需求，进行机器人的采购和配置，选择适合的机器人设备，进行相应的采购和调试工作，对机器人进行参数设置和软件安装，确保其能够正常运行并完成施工任务。

4）根据施工计划，对施工现场进行布置，包括设置机器人工作区域、安装传感器和摄像头，以及搭建机器人操作平台。同时，还需要进行现场安全检查，确保施工过程中没有危险因素存在。

5）在机器人施工部署过程中，对机器人操作员进行培训和技术支持。机器人操作员需要熟悉机器人设备的操作和维护，以及掌握相应的安全知识和应急处理能力，确保机器人施工过程中的顺利进行。

6）机器人施工部署完成后，进行机器人的调试、验收和评估。首先，对机器人施工状态进行调试。启动机器人，使其在现场作业环境下开始执行一定任务，进一步适配机器人参数，在试运行过程中，应监控机器人的运行情况，及时发现并解决问题。其次是对施工的效果进行验收评估，包括施工质量、效率和安全性等方面。根据评估结果，可以对机器人施工系统进行优化和改进，提高其在实际应用中的效果。

7）进行现场检查，确保施工部署需要满足以下要求：①环境要求：施工场地是否足够宽敞，是否存在障碍物，是否有电源等。建筑施工现场环境通常比较复杂，存在各种危险因素，如高温、粉尘、噪声、电磁干扰等。建筑机器人需要具备一定的环境适应能力，能够在恶劣环境下正常工作。②安全要求：建筑机器人在施工现场工作，必须保证安全。建筑机器人需要具备一定的安全防护措施，如碰撞检测、防坠落等。③性能要求：考虑到施工任务的类型、难度、要求，建筑机器人需要具备满足施工需求的性能，如负载能力、精度、速度等。④施工人员技能要求：施工人员是否具备操作建筑机器人的能力。⑤成本要求：建筑机器人的成本不能过高，否则难以推广应用。

（2）机器人施工作业的主要准备工作

1）建立机器人施工组织架构，结合现场机器人施工需要，设置机器人指挥调度中心，组建包括技术质量控制组、信息管控系统支持组、设备管理维护组、施工安全控制组等的机器人施工指挥中心，并明确各工作组的职能分工。

2）编制机器人施工的施工作业方案及技术交底内容；详细说明在机器人进场前施工现场应具备的基础建设、网络设备、服务器配置、模型要求、配套软件等前置条件。

3）根据现场施工进度计划来制定施工机器人和机器人管理人员的进场计划、相关设备材料采购计划、施工场地布置计划等。

（3）机器人施工作业的重点工作事项

1）建立人机协同施工管理系统，对不同工序的人机配合工作细则、分项工程人机施工区域划分；并充分考虑机器人在各分部分项工程施工中穿插的合理性、施工铺排的有序性。

2）规划好机器人作业路线、设置专用的机器人通道，在机器人施工范围内的坡道及台阶处设置机器人的避障或越障措施。

3）应结合人机协同施工管理系统的应用，依据标准工序库生成或完善各项施工计划，结合施工计划将工单派发至工人手持移动终端或机器人控制系统中，根据已经建立的建筑模型进行路径规划，完成现场多台机器人作业的施工调度、施工进度接收反馈、施工作业实施等工作。

4）重点做好施工误差控制。①做好机器人导航误差控制，重点考虑和解决由于建筑信息模型偏差、里程计算偏差、雷达测量精度等造成的误差。②减少前置施工工序累计误差的影响，当前置工序偏差过大时可能会导致机器人无法进行施工，故应通过加强机器人施工作业过程中的场景测量复核工作，及时校核校正前置工序误差，确保后续施工工序的精准性。

5）做好机器人施工的安全事项控制。①在使用建筑机器人之前，必须进行安全检查，确保建筑机器人处于良好的工作状态。建筑机器人必须经过严格的测试和验收，确保其具有满足施工要求的性能。②施工人员必须经过专业培训，熟悉建筑机器人的操作规程和安全操作要求。在使用建筑机器人时，必须佩戴安全帽、安全带等个人防护装备。③施工现场必须按照安全规范进行布置，确保施工人员和周围人员的安全。必须注意周围环境，避免发生碰撞或坠落事故。必须遵循建筑机器人的操作规程，避免发生操作失误。④施工现场必须按照环保规范进行施工，减少环境污染。通过严格遵守规范和要求，可以有效保障建筑机器人在施工作业的安全、质量和环保。

（4）机器人施工作业的主要优势

相比传统的人工施工，机器人施工作业具有高效性、安全性等优势。机器人在施工过程中可以精确地执行任务，不受人工操作的误差影响，从而提高施工的准确性和速度。机器人还可以自动化执行重复性的任务，减轻人力负担，提高工作效率。其次，机器人施工作业具有安全性。由于机器人可以代替人工进行危险或高风险的施工任务，可以避免工人受伤的风险。机器人还可以在危险环境下工作，如高空作业、深水作业等，提供更安全的施工环境。此外，机器人施工作业还具有精度高、可重复性好、适应性强等优势。机器人可以通过激光扫描等技术来获取施工现场的精确数据，从而实现精确的施工操作。机器人还可以根据不同的施工需求进行灵活调整，适应各种施工条件和要求。

问题 52：如何发展和应用 3D 打印技术辅助工程施工？

相较于传统的减材制造（切削、雕刻），3D 打印技术是一种增材制造技术。3D 打印技术是指利用软件生成实体模型，再通过切边软件形成打印路径，最终利用特定的设备将特定材料通过层层堆积的方式建造实体。3D 打印技术广泛应用于航空航天、医疗、汽车、定制化消耗品等领域。由于其具备无模板化、建造灵活度高，3D 打印混凝土在建筑领域得到了迅猛发展。

在工程建造领域开展和应用 3D 打印技术的关键：一是重点开展适用于 3D 打印的水泥基材料的制备和研发，其主要技术包括了混凝土流变性能调控、原材料性能改善与配合比设计、外加剂复配等技术，通过此类技术的研发，实现 3D 打印混凝土材料制备。二是结合建造场景研发适用于水泥基材料的 3D 打印设备，主要包括打印设备、供料设备两部分，打印设备又包含了机械臂、框架机，而供料设备需根据混凝土材料自身特点研究其具体的搅拌速率、挤出速率等工艺参数，并研究两类设备间协同控制。三是做好打印工艺设计与调控，打印工艺设计成功与否直接影响 3D 打印质量，研究两者之间的相互关联关系，并根据质量动态监控实时调整打印工艺。四是应重点做好工程建造中可适用于 3D 打印的建造场景，对关键建造场景进行梳理、规划，将 3D 打印技术落到实处。

其中，3D 打印技术辅助工程建造重点工作：

（1）可打印材料制备

根据混凝土原材料特点，选择适合打印的材料，然后通过外加剂调控，并进行简单的可挤出性、可建造性测试，最终获得可打印混凝土的基准配合比。

（2）打印路径规划和切片

根据打印目标结构或是构件，运用三维建模软件进行模型创建，并利用切片软件进行切片处理，生成打印路径，为实际建造奠定基础。

（3）实际工程建造

1）规划好实际打印的场地，综合考虑现场打印条件，对材料、设备进行统一规划。

2）设定好打印流程，有序组织打印，尤其是供料与打印间的协调问题要重点考虑。

3）打印过程中实时监控出料状态以及打印后的成型质量，并做好质量预控方案。

相比于传统的现浇混凝土，3D 打印技术具有明显作业优势：

3D 打印混凝土可以摆脱模板浇筑的限制，具有建造灵活度高，可以满足异形构件的建造；对材料的利用度高；大大降低了对人工的依赖，节省成本；无须支撑，节省了材料费，同时也降低了工程事故发生的可能性。

2.3.4　智能建造项目管理问题及对策

问题 53：智慧工地管理的要点有哪些，应如何开发建立？

智慧工地平台是一种贯穿于企业、项目参建各方的多层级多条线的高效安全的综合性集成平台，可实现对工地各类施工要素的高效收集、安全存储、快速分析、可视化展示、智能化反馈。智慧工地管理的要点主要包括结合项目实际情况和需求，制定智慧工地总体建设方案，制定智慧工地实施方案，开发智慧工地平台系统，实施智慧工地系统的应用与运维。

1）制定智慧工地总体建设方案。一是应根据项目背景，依据相关规定及要求，调研深挖项目需求，结合实际情况，确定智慧工地具体需要建设的子系统，综合考虑其功能与成本，以确定系统的投入规模。智慧工地相关子系统通常包含实名制管理、考勤管理、视频监控系统、AI 分析系统、环境监测系统、车辆管理、塔式起重机监测管理、智能地磅等。二是在编制智慧工地总体建设方案时，应考虑系统的迭代和新技术新产品的应用，如人员定位系统、智能围挡系统、视频融合、智能安全带等新系统的尝试运用与探索。三是在建设前，应评估各系统硬件采购成本、建设维护投入费用，以便确保实施后系统可正常运作。四是在系统应用后，应考虑系统的对接规划，如政府监管平台、企业级的信息化管理系统、各参建单位的协同平台等[14,15]。

2）制定智慧工地实施方案。编制实施方案时，一是要根据各阶段场布变化，调整硬件布置，明确各系统功能要求，产生数据格式和展示方式。二是要考虑智慧工地各系统的正常运行环境，确保运行环境满足系统的各项性能指标要求。三是要关注外部系统的对接需求，应及时了解各方系统，可参考接口文档，确定对接形式，防止因系统的不兼容导致无法对接的情况发生。四是要落实设备系统的运维管理，明确使用范围及相关责任人，依据总体方案，分步实施，全面落地[14]。

3）做好智慧工地管理平台系统的开发。应构建统一的系统管理平台，用于联通“数据孤岛”，实现施工现场“人、机、料、法、环”五大关键要素的数据整合和信息共享。一是要做好平台界面的开发设计。平台的界面作为人机交互界面，应能让各方管理者高效地感知项目现场；平台的操作界面在面对各条线、各层级的不同管理者时，应该有对应其职务的专用界面，使其能便捷直观地对项目进行全方位把控；同时，应建立可通过网页、PC 和移动设备多端的可视化智慧工地界面，具有数据分析、辅助决策和远程指挥等功能，改变传统建筑施工管理方式。二是平台应建立一套供智慧工地各子系统接入的统一标准接口，供各品牌厂商的标准数据接入。在应对市场主流品牌产品的接入方面，可建立与之对应的专用接口；对于各子系统产生的各类数据，平台通过接口收集后可统一采用先进的信息技术、智能化管理策略、大数据分析与处理、云计算平台、人工智能等对数据加以处理，筛选有效信息，结合功能开发，进一步提升施工现场的管理效能。三是整个平台的搭建应基于互联网进行，以方便用户使用；同时，平台系统应有系统性的安全保障措施，确保平台使用稳定，数据存储的安全可靠，并有一定的防护能力防止遭受意外攻击[14,15]。

4）实施智慧工地系统的应用与运维。进行智慧工地系统的应用时，一是要注意系统运维不仅限于系统本身性能运维，还应考虑因场布阶段变化、项目进度或变更导致的应用需求变化，进而对智慧系统进行改造以确保功能的正常实现。二是应当根据项目实际使用情况，查缺补漏，及时调整部署系统及其功能，发挥智慧工地系统的最大功效。三是在系统的运维过程中，应注重对智慧工地系统运行环境的维护，如设备使用环境的维护、供电和网络设施的保障等。四是要做好数据安全的管理，智慧工地各系统中含有大量敏感数据，如人员实名信息、人脸照片等，应注意对使用人员的账号管理，防止数据外泄。五是项目结束后，应注意对设备的回收管理以便今后利旧，系统的再投入循环使用[14]。

问题 54：智能化工程项目施工协同管理要点有哪些，如何开发建立？

智能化工程项目施工协同管理的要点包括以下几个方面：

1）信息共享与协同：确保项目各方之间的信息共享和沟通畅通，利用信息化工具如项目管理软件、实时通信工具等，提升信息传递效率和准确性。

2）进度管理与调度：通过智能化技术，实现施工进度的实时监控和调度管理，及时发现和解决施工中的问题，保障施工进度。

3）资源优化与利用：通过数据分析和智能化决策支持系统，优化资源的配置和利用，提高资源利用效率，降低项目成本。

4）质量管理与控制：利用智能化技术提升施工质量的管控能力，实现质量数据的实时监测和分析，及时发现和处理质量问题。

5）安全管理与风险控制：结合智能安全监测设备和数据分析技术，加强施工现场安全管理，提前识别和控制潜在风险。

6）团队协作与培训：通过智能化平台促进项目团队的协作与沟通，同时提供培训和技能提升机会，确保团队整体素质和效率。

7）环境保护与可持续发展：考虑项目对环境的影响，利用智能化技术监测和管理环境影响，推动项目向可持续发展方向发展。

这些要点帮助确保智能化工程项目施工过程中的高效、安全、高质量完成。

对于如何开发建立工程项目智能化施工协同管理平台，有以下几个方面内容需要重点思考：

(1) 需求分析和规划

需求收集和分析：与潜在用户（如总包、分包项目经理、生产经理、施工一线安全员、质量员等）沟通，明确他们的需求和痛点。

功能定义：确定平台的核心功能，如安全管理、进度监控、质量管理、成本控制等。

用户角色和权限：设计不同用户角色的权限设置，确保数据安全和管理层次分明。

(2) 技术架构设计

底层设计：根据需求选择合适的技术框架和开发工具，要考虑到平台目前需要以及未来需要的数据量的大小和业务逻辑的复杂程度。

架构设计：设计可扩展的架构，考虑前端、后端和数据库的组织方式，以支持高性能和可靠性。

(3) 用户界面和体验设计

用户界面设计（UI）：开发直观和易用的界面，考虑到用户在不同设备上的体验，移动端、Web 端等。

用户体验设计（UX）：确保工作流程流畅，减少用户操作的复杂性，提升用户满意度和使用效率。

(4) 数据管理和安全

数据模型设计：设计合适的数据库模型，支持数据的高效管理和查询。

数据安全：实施数据加密、访问控制和备份策略，确保数据的保密性、完整性和可用性。

(5) 集成和互操作性

系统集成：考虑与现有系统的集成，如地理信息系统（GIS）、建筑信息模型（BIM）等，实现数据的无缝交换和共享。

API 设计：开发稳定和易用的 API 接口，支持第三方应用程序和服务的集成。

(6) 测试和部署

功能测试：进行单元测试、集成测试和系统测试，确保各功能模块的正确性和稳定性。

性能测试：测试平台在不同负载条件下的性能，确保响应时间和吞吐量符合预期。

部署策略：选择适合项目需求的部署方式，如云端部署或本地部署，确保安全性和可扩展性。

（7）持续优化和改进

用户反馈和迭代：上线后持续收集项目一线人员的真实反馈，进行功能优化和改进，确保平台开发与需求保持一致。

智能化和自动化：探索利用数据分析、机器学习和人工智能技术，提升平台的智能化水平，如预测性分析、自动化报告生成等功能的实现。

通过上述七个要点，可以有效地开发和建立一款功能强大、安全可靠的工程项目智能化施工协同管理平台，为项目团队提供全面的支持和管理工具。

问题55：常用的工程项目专项施工管理平台有哪些，应如何选择？

常用的工程项目专项施工管理平台类型及其选择方法如下：

（1）常用平台介绍

当前工程项目施工管理平台已经成为提升项目效率、优化资源配置、增强团队协作的重要工具，相较于综合性智慧工地管理平台，专项施工管理平台能够更有针对性地聚焦某个特定工程管理要素，管理程度更为深入和专业。常用的专项施工管理平台类型如下：

1）塔式起重机监控系统：常见功能有群塔智能防碰撞、吊钩视频智能监控、塔机运行参数监测、塔机运行状态展示、驾驶员实名制管理等，能够减少塔式起重机运行操作过程的安全隐患，为安全作业提供保障。

2）升降机监控系统：主要面向升降机驾驶员与现场机械管理人员，实时监测施工升降机运行状态与预防危险动作发生，做到危险操作可看可防，数据留痕可溯可查。

3）护栏状态监测系统：基于物联网技术，远程实时监控临边防护栏安全状态，出现防护栏位移、缺失等异常情况立即报警，帮助管理人员及时排查危险情况。

4）基坑监测系统：一般以平面布置图、BIM模型为信息载体，通过传感器全时监测基坑关键数据，实时传输至云端分析，及时预警危险态势，辅助基坑安全管理。

5）卸料平台超载报警系统：实时监测卸料平台载重，载重达到阈值后触发现场语音报警，可以查询和导出卸料平台进出料记录。

6）周界安防管理系统：结合现场视频监控，配置区域入侵AI算法，图像识别安全风险事件并实时报警。

7）智能物料称重管理系统：整合地磅及配套智能硬件，全自动采集、记录车辆过磅信息，进场车辆自动上榜、自动称重、自动打印，系统自动汇总导出台账，基于称重小票快速扫码过磅，过磅影像资料规范存档。

8）高支模预警监测系统：实时监测混凝土浇筑过程中高支模的水平位移、模板沉降、立杆轴力、杆件倾角等状态，通过数据分析和判断，预警危险状态，及时排查危险原因。

9）移动巡更系统：通过手机扫描二维码，按照巡更清单，更新巡更点状态，满足项目对重大危险源、主材、消防等重点巡查对象的及时性和真实性管理需求。

10）移动检查系统：采用移动端便捷记录的方式，全链条呈现检查整改过程，具有强归纳性、强阅读性、可追溯性，提供高效的移动工具，方便项目现场实现 PDCA 闭环管理。

11）施工云资料协作管理平台：集中化人员统一管理，资料编制全过程附件随时上传，多项目资料远程检查，全套竣工资料打包留存安全无忧。

12）工程资料一体化管理平台：具备资料在线检查、资料表格来源追溯、下发整改消息、上传施工日志、现场影音文件、实现与 BIM 模型挂接、电子签章、电子签名等功能。

（2）平台比选方向

工程项目在选择运用专项施工管理平台时，需要重点考虑功能性、开放性、安全性、易用性、经济性等因素。

1）功能性方面，首先考虑产品功能与项目现场的业务需求是否一致，如果现成产品无法满足，可考虑供应商是否支持定制开发和功能优化。

2）开放性方面，随着上级监管要求和项目应用需求的变化，需要平台支持新增设备接入、功能模块增加，支持外部平台数据输入和输出等。

3）安全性方面，为确保项目数据在传输和存储过程中不会被篡改或泄露，需要考虑平台的身份认证、权限设置、数据加密、备份和恢复机制等是否安全且合规。

4）易用性方面，直观的用户界面和简单的操作流程是比选平台类产品的关注重点之一，好的用户体验可以降低平台推广应用的难度，扩大平台受众范围。

5）经济性方面，不同供应商提供的产品和服务有所不同，通用版本与定制版本平台的采购费用有所不同，比选时需要根据需求和预算进一步考量，选择合适的产品提高项目管理能力和工作效率。

问题 56：智能化工程项目协同管理的重难点是什么，存在哪些问题和不足？

智能化工程项目协同管理的重难点及存在问题和不足如下：

（1）重难点

1）推行的决心

智能化工程项目协同管理的方式是否能够推行、持续地推进、推行效果怎么样的首要因素是决策层、管理层关于智能化管理方式推行的认识和决心。基层的态度的犹豫与行动的迟缓有很大部分原因在于观望上层的重视程度，上层的决心大、力度强，基层的行动会更加坚决，智能化项目协同管理方式推行的成功性更高。

2）标准的制度

智能化协同管理的制度基础是项目和企业管理制度的标准化，虽然集团、总包以及二级公司均具备完整的既有工程管理制度，但是落实到项目上却是根据各自的需要调整成了各自不同的形式，另外既有的管理制度是否能够具象为信息化的管理形式、信息化管理工具的灵活性是否能够适应不同项目的不同调整也是需要不断论证和统一的。

3）基层的习惯

传统的工程管理模式以及基层管理人员多年职业生涯养成的管理习惯是智能化协同管理方式推行需要突破的另外一个难点。发挥智能化灵活性的优势，把协同管理工具的具体功能调整得尽可能地贴合传统管理业务和基层管理人员的管理习惯，在不改变基层业务习惯的情况下推行协同管理工具成功率更高，并且在推行过程中不断地影响基层既有方式，助其逐渐养成以智能化协同工具为基础的管理习惯。

（2）问题和不足

1）庞大的体系

现有平台系统的设计初衷是希望各层级、各条线管理人员使用一套工具即可达到自身的管理目的，这样的方式固然减少了系统平台入口的数量，但同时形成了系统有几十个功能模块的庞大体系。如此庞大的体系落实到具体使用人员的时候，用户很难快速地找到自身需要的具体功能。不过，如果我们把各个模块拆分成不同的 APP，同样会造成入口太多的结果，并且会涉及集团主管部门发放的 APP 牌照数量不足、不同 APP 备案审批程序复杂的问题。

2）稳定的状态

由于使用系统的项目比较多、人数也比较多，而项目和项目之间的新需求不断涌现（并且经常遇到需求与需求的冲突），系统需要不停地优化，更新次数很多，并且每次更新均有可能引起既有功能的连锁调整，继而造成系统的不稳定。另外，频繁的更新对使用人员来说也会造成疲惫。但是面对以上两种情况，目前还没有特别合适的解决办法。

2.4 智能建造运维问题及对策

问题 57：工程项目的智能化运维与传统的运维方式主要区别是什么？

智能化运维是指通过运用人工智能、大数据分析、自动化技术等手段，对项目的运行和维护进行高效、智能的管理。其目的是提升运维效率，降低人工成本，提高系统稳定性和安全性，实现故障的提前预警和快速响应，优化资源配置，提高整体运维效果。

智能化运维与传统运维的区别主要体现在以下几个方面：

1）自动化程度：传统运维依赖手动操作和经验判断，而智能化运维通过自动化工具和智能算法实现自动监控、故障诊断和修复指导。

2）数据分析能力：传统运维数据分析较为简单，智能化运维借助大数据和机器学习技术，对海量数据进行深度分析，提供精准的决策支持。

3）响应速度：智能化运维通过实时监控和自动化处理，实现对故障的快速响应和处理，而传统运维则需要人工介入，响应速度较慢。

4）预测能力：智能化运维具备预测和预防故障的能力，可以提前发现潜在问题，避免系统大规模故障；传统运维多为被动处理故障，缺乏预防机制。

5）资源优化：智能化运维通过智能调度和资源优化算法，提升资源利用率；传统运维在资源分配和管理上较为粗放。

6）运维成本：智能化运维通过减少人工干预和提高效率，降低了运维成本；传统运维由于依赖人工，成本相对较高。

问题 58：现有工程项目的智能化运维管理主要存在哪些问题与不足？

当前工程项目的智能化运维管理正处于转型阶段，一些较为先进的项目已经开始采用物联网、人工智能、大数据等技术手段，实现了设备状态的实时监控、远程诊断、预测性维护等功能。这些技术的应用大幅提高了运维工作的效率和准确性，减少了突发故障的发生，降低了运维成本。尽管智能化运维管理具备巨大的发展潜力，但仍存在以下几方面的问题：

1）技术成熟度不足：智能化运维技术仍在发展阶段，算法和工具的成熟度有待提高，可能导致运维效果不稳定。

2）数据质量问题：智能化运维依赖大量数据，数据的准确性和完整性直接影响运维效果。但在实际操作中，数据采集和处理往往存在困难，数据质量难以保证。

3）系统兼容性差：现有运维系统和智能化工具之间的兼容性问题较多，整合难度大，影响了智能化运维的实施效果。

4）人员技能不足：智能化运维需要专业的技术人员进行操作和维护，但目前具备相关技能的人才较为稀缺，运维人员的技能水平跟不上技术发展的需求。

5）投入成本高：智能化运维系统的建设和维护需要大量资金投入，许多企业难以承担高昂的成本，影响了智能化运维的推广。

6）安全隐患：智能化运维系统的复杂性增加了安全管理的难度，存在被攻击和数据泄露的风险，需要加强安全防护措施。

为有效解决智能化运维管理中的问题，需从多方面入手。

1）加大技术研发投入：采用优化算法和工具，推动行业标准化，提高系统的稳定性与可靠性。

2）完善数据管理体系：通过数据清洗、异常检测等手段，确保数据的准确性和完整性，同时加强采集设备的维护。为提升系统兼容性，应推动运维系统的标准化和模块化设计，实现现有系统与新智能化工具的无缝集成。

3）加大人才投入与培养：通过专业培训提升运维人员的技能水平，培养更多具备智能化运维能力的人才。

4）做好成本控制：为控制投入成本，可采用分阶段实施策略和云服务，降低企业的资金压力。

5）做好安全管控工作：需实施多层次的安全防护措施，确保系统的安全性和数据的保密性，减少潜在的安全风险。

问题 59：如何推进和发展工程项目的智能化运维管理？

现阶段智能化运维管理的推广实施面临多重困难，技术成熟度不足和系统兼容性差使得新工具与现有系统整合困难。数据质量问题普遍存在，采集和处理难以确保准确性。此外，缺乏足够的专业人才和培训支持，导致运维人员难以有效使用智能化工具。高昂的建设和维护成本对许多企业构成压力，而系统的复杂性也增加了安全管理难度，存在数据泄露和网络攻击的风险。这些问题共同制约了智能化运维管理的广泛应用与发展，因此可以从以下几个方面入手以解决上述问题。

1）技术创新与应用：根据项目需求，开发针对性强的智能化运维工具和平台。采用大数据、人工智能、物联网（IoT）等前沿技术，提升运维管理的智能化水平。

2）数据驱动决策：构建全面的传感器网络，实时收集设备运行状态、环境参数等数据。利用大数据分析技术，对采集的数据进行深度分析，提供科学的决策支持。

3）自动化与智能化运维：通过自动化监控系统，实时监测设备运行状态，自动识别和报警故障。引入机器学习和人工智能技术，实现智能故障诊断和修复指导，减少人工干预。

4）提升人员技能：定期开展智能化运维技术培训，提高运维人员的技能水平。促进运维、IT、数据分析等部门的协同合作，共同推进智能化运维的实施。

5）优化管理流程：制定标准化的智能化运维流程，提升运维管理的规范性和效率。通过智能调度系统，优化资源配置，提升资源利用率。

6）建立智能化运维平台：建设集监控、分析、报警、管理于一体的智能化运维平台，提供全面的运维支持，并确保平台的开放性和可扩展性，便于系统的升级和功能的扩展。

7）安全管理：引入专业的安全防护技术，保障智能化运维系统的安全。定期进行安全审计，及时发现并修复安全漏洞。

8）政策与制度支持：制定激励政策，鼓励企业和个人积极参与智能化运维技术的研发和应用。推动智能化运维管理的行业标准化，提升整体运维管理水平。

通过这些方面的推进和发展，可以有效提升工程项目智能化运维管理的水平，推动行业的持续进步。

问题 60：如何引入智能化技术，做好工程结构的健康监测？

工程结构的健康监测，特指施工完成后，结构开始服役期间，对结构安全性能及正常使用的监测。结构的健康监测工作贯穿于结构服役期间的全生命周期，是保证结构服役期间人员安全的重要保障，通常应用于超高建筑、大跨建筑及受力较为复杂的结构当中。目前，结构中常用的健康监测方式有位移监测、应力应变监测以及裂缝监测。位移监测，即在结构施工时预埋沉降观测点位，通过 RTK 测量沉降点的位移而进行位移监测。该监测方法需要消耗较多的管理人员工作量，不经济。应力应变监测，指在结构施工过程中，安装应力计或者张贴应变片，而后监测时读取数据的方法。由于混凝土浇筑过程中无法妥善保护应力应变仪器设备，通常损坏率较高，后期数据错误较大，一般不作为结构状态的关键判断依据。裂缝监测通常用在大底板以及屋面工程中，通过测量人员目测发现并用测量设备进行裂缝的长度和宽度测量，目的是防止渗漏。但是当完成屋面表面装饰覆盖后，裂缝无法观测到，也很难判别裂缝的具体点位。

将智能化技术引入结构的健康监测，是指用机械化、自动化、智能化的方法和手段，代替传统由人进行检测，从而降低监测人员的工作量，减轻技术人员负担的一种办法。

结构健康监测中应用智能化技术的关键在于：一是监测设备的埋设，这些设备可以在施工中预埋，也可以施工完毕后安装，但监测设备收集到的数据需要能够传输到后台，以降低工作人员现场收集数据的工作量。二是安全报警阈值的设置。阈值设置得过低，容易造成无谓的紧张和不必要的加固，设置得过高，风险隐患又过高，应综合全面考虑设计计算结果和现场施工过程的实际情况，得出既满足经济性又保障安全性的安全报警阈值。

结构健康监测的智能化技术应用的重点工作在于：

1）监测点位的选择。监测点位宜选在结构受力的重点位置。智能化技术的引入，可对设计模型中的关键受力部位进行计算机自动识别，由人工智能选择重点位置，布置相应的监测项目和仪器。这个过程需要大量模型，以训练智能化系统识别关键受力部位的准确性，同时需要设计师和专家审核以保证点位选择的准确性。

2）监测过程的智能化。传统结构的健康监测，需要依靠测量员手持 RTK 或者应变测量仪到结构传感器预埋位置进行测量，这个过程工作量大，且数据处理周期长，无法实现测量成果的实时获取，使得监控滞后。当遇到不安全的情况时，无法即时得到信息。智能化技术的引入，应对预埋的监测传感器进行研发优化，使其能够将监测数据即时传输到后端，并通过计算机进行处理分析，判定结构是否安全，当结构有安全隐患，能够即时通知检修工程师进行检修，从而真正实现由人管理到人工智能管理的前进。

智能化技术应用于结构健康监测的优势在于：

1）测量人员的工作量降低，整个施测过程由机器完成，准确性也更高。

2）安全隐患报警更快捷，因为整个数据传输及分析过程由机器完成，结果的获取也更迅速，管理人员反馈也更及时。

2.5 智能建造成本工效问题及对策

问题 61：智能建造的成本处于什么水平，其成本构成的特点是什么？

智能建造是以智能算法为核心，以现代信息技术与工业化建造技术深度融合的一种工程建造新模式。相较于传统建造，智能建造成本变化呈现如下几个特点：一是智能建造前期会增加大量的成本，例如智能建造管理平台的搭建、智能建造相关设备的投入，但随着工程的推进，智能建造后期的成本逐渐降低，并会带来更好的工程产出。二是人力成本节省，例如无人塔式起重机的使用，极大程度上降低了塔吊司机费用，从工程建造全周期看，智能建造成本明显降低。三是材料精准管控后，通过智能化管控手段，对钢筋下料、模板脚手架周转等进行精准控制，资源浪费减少，材料费用减少。四是工地整体管理水平提高，虽然 AI 等技术的应用提高了短期成本，但有效杜绝了安全事故的发生，进而极大地降低了工程建设的安全处置成本。

随着国家、行业以及地方政府的大力提倡，智能建造发展势头迅猛，但仍没有形成体系化、标准化的范式，其成本呈现如下特点：

（1）智能建造成本标准化计算依据仍没有形成

智能建造背景下工程建造基本要素发生了较大的变化，目前智能建造仍是在局部应用，还没有形成标准的建造范式。部分地区出台了机器人定额，但标准的成本计算依据仍没有形成。

（2）智能建造增量成本类别难以细化

智能建造增加了大量的现代信息技术、工业化建造技术、智能控制系统等内容，其成本类别如何区分，与工程建设参与各方如何关联等问题有待进一步细化。

（3）智能建造效益指标化考究难

2022 年住房和城乡建设部公布了 24 个试点城市，智能建造试点项目大量开展。然而，当前智能建造带来的经济效益指标难以量化。如何准确地计算智能建造费用和效益也是智能建造当前成本分析的一大难题。

综上可以看出，智能建造成本仍处于初级水平，只能进行简单的费用评估。因此，有必要进一步制定相关计算标准，同时在智能建造项目建设过程中做好关键数据收集，助力智能建造成本分析发展。

问题 62：如何采取相应措施降低智能建造的成本？

智能建造成本指的是为实现工程智能建造而额外增加的成本，属于增量成本的范畴。当前智能建造处于初级发展阶段，其成本还存在很大的空间可以降低，如何从技术、规划、管理方面降低智能建造的成本非常关键。

降低智能建造成本的关键：一是加大技术创新和研发，当前智能建造是现代信息技术和先进建造技术在工程中的融合应用，存在一定的适应性差的问题。因此，以工程建造为场景，提高先进技术的成熟度和工程适应性是关键和核心。二是政府主导，做好统筹和规划。智能建造不是单点的技术应用，而是涉及工程建造全过程参与各方，如何做好权责利的划分是重要的保障措施，明晰好边界，调动好各方积极性。三是建立高校—企业—服务商共同研发模式，针对当前交叉知识壁垒，鼓励建立多方协同研发机制，使工程建造方能够明确地提出需求，服务商据此进行合理的设计研发，做到真正意义上变革工程建造，也就是降低了智能建造的成本。

降低智能建造的成本可以从以下几个方面入手：

（1）建立统一的应用和管理模式，减少资源浪费

当前智能建造多数以项目为建设主体，项目层面直接采购大量设备，存在设备周转率不高、重复采购等现象。因此，鼓励龙头企业建立智能建造研发服务中心，加大共性智能建造技术与装备研发和应用工作，建立标准化的智能建造技术与装备产品库，统一管控建设项目，合理开发、采购、应用，加大智能建造产品的有效周转使用，实现资源的合理利用，进而节省成本。

（2）开展广泛调研，明晰产品需求，挖掘应用场景

随着智能建造的大力推广，当前大部分企业开启了智能建造研发或者购买服务，但由于现有技术与工程建造存在不适应性，有必要从国家层面或是全行业视角开展广泛调研，理清楚真正的产品需求，鼓励建筑企业深度挖掘应用场景，提高产品的适用性，进而降低成本。

（3）鼓励行业交叉，开展人工智能在建筑业中培训

数十年来建筑从业者知识水平相比于工业，相对较低，发展新质生产力务必从源头解决。因此，可在建筑类企业开展人工智能类培训，使从业者对人工智能有初步了解，进而对智能建造有基本的概念。有条件的情况下，可以尝试开展龙头企业与人工智能企业开展试点合作，补齐短板，提高全行业智能建造水平。

第3章 智能建造案例分析

3.1 南京长发中心超高层项目智能建筑设计案例

3.1.1 工程概况

南京长发中心超高层项目位于南京市秦淮区中山东路，北枕中山东路及南京文化广场，位于玄武湖—总统府—南京文化广场—夫子庙的南京文化中轴线上。项目总规模约14万m^2，由4幢造型简洁而挺拔的超高层建筑组成：北面临中山东路是两栋高150m的办公双塔，南边两栋135m高的塔式高层住宅坐落在一个遍植乔木的巨大草坡之上。项目的设计理念是“简约、自然、科技”，基于本理念，在项目设计、施工、运维中采用了设计施工一体化智能技术、基于智能化控制理念的可持续健康设计、智能化建筑安全运营控制系统等大量的智能化设计技术，打造了智能化建筑设计、施工与运维一体化的经典案例（图3-1、图3-2）。

3.1.2 应用内容及方法

(1) 智能设计施工一体化应用实施方法

在设计初期，制定了“智能建筑规划和设计”的思路，通过模数关系把建筑物外立面材料的强度和经济最优尺寸、开窗框料的强度和经济最优尺寸、超高层建筑的结构体系的强度和经济最优尺寸、地下柱网结构体系的强度与停车位经济最优尺寸这几

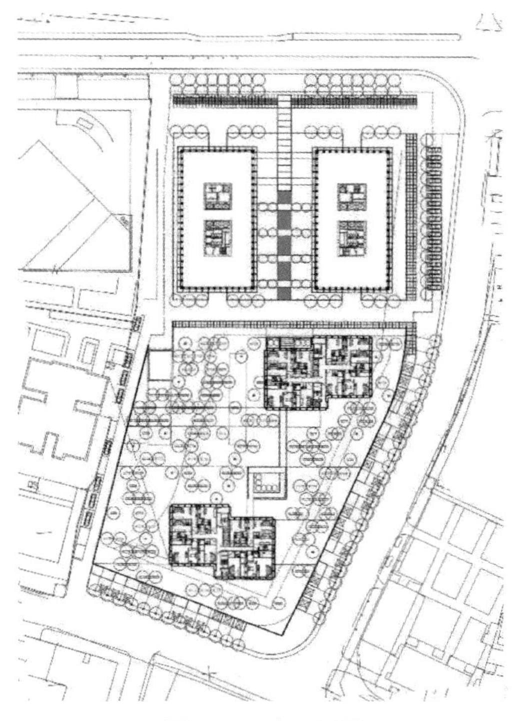

图 3-1　工程平面图

图 3-2　工程实景图

个紧紧相扣的因素综合起来，用统一的模数关系统率在一起。在全过程设计与管理实施中，采用 BIM 软件建立建筑工程模型，进行专项深化设计和存储；通过采用数字孪生技术，提前预判和优化解决大量建筑设计潜在不足，有效提高了设计效率，降低了设计成本。在智能建造设备设施施工中，采用 3D 激光雷达测量设备、激光打孔机等进行精准定位拼装，提高了施工装配效率和质量。在现场建筑构件管理中，通过采用智能工厂数字化管理平台，实现了建筑构件生产制造与施工的全流程数字化管理。

（2）基于智能化控制理念的可持续健康设计

一是开发了智能灯光控制系统，通过采用智能 LED 灯泡矩阵来调控公共区域的灯光，通过采用智能手机 APP 系统来控制灯光的冷暖调色与亮度调节，通过灯光场景自动切换系统实现建筑室内日间办公、午休、夜景办公等多种情景灯光场景的自由切换与定时切换。二是实现了建筑设计和智能化系统设计的有效融合，包括建筑布局、结构选型、智能化设备选型等；通过采用智能化设备和系统，如智能家居、智能安防等，提高了居住和工作的便捷性和舒适度；在建筑功能控制方面，布设了 5A 商务智能化系统，有效提升了大楼的商务办公的便捷性。

（3）开发应用了智能化建筑安全运营控制系统

通过采用开发的智能化安全运营系统，实时监测建筑的安全状况，及时发现并处理安全隐患，保障人员和财产的安全。通过采用CAS通信自动化系统、SAS保安控制自动化系统、FAS消防报警自动化系统、BAS楼宇设备自控系统，为大楼的日常运营提供了安全、智能的居住空间。通过采用智能化安全运营系统，可调节、控制建筑内的各种设施，包括变配电、照明、通风、空调、电梯、给水排水、消防、安保、能源管理等，检测、显示其运行参数，监视、控制其运行状态，根据外界条件、环境因素、负载变化情况自动调节各种设备，使其始终运行于最佳状态；该系统同时可以自动监测并处理诸如停电、火灾、地震等意外事件，自动实现对电力、供热、供水等能源的使用、调节与管理，从而保障工作或居住环境既安全可靠又节约能源、舒适宜人。与此同时，该智能化安全运营系统设有物业管理系统，不但可对大楼进行日常管理、清洁绿化、安全保卫、设备运行和维护，还可以对固定资产管理（设备运转状态记录及维护、检修的预告、定期通知设备维护及开列设备保养工作单、设备的档案管理等）、租赁业务管理、租房事务管理等进行智能化管理。通过智能化安全运营系统的集成和协同工作，提高了建筑的整体运行效率和安全性。

3.1.3　应用实施效果

通过采用智能化建筑设计理念和技术手段，实现建筑各系统、功能的综合优化和高效运行。项目整体建设周期缩短了约20%。减少了人力成本和材料浪费，总体建造成本较传统方式降低约18%。智能化监控和精准施工技术，确保了建筑质量和施工安全，事故率显著降低。建材和能源管理系统的应用，使项目成为环保的典范，符合未来可持续发展的趋势。智能家居系统、便捷的社区服务设施等，为居民提供了更加舒适、便捷、安全的居住环境。融合了现代科技、先进理念与传统建筑艺术，提供一个安全、高效、便捷、节能、环保、健康的应用场景，提供了宝贵的实践经验。

3.2　同济大学嘉定校区学生社区建设项目智能方案生成

3.2.1　工程概况

本项目位于同济大学嘉定校区内。基地西侧为朋园宿舍，南侧为校园空地，北侧为校园道路嘉三路，嘉三路北侧为河道，基地东侧为嘉松北路。本项目用地面积26954.75m^2，总建筑面积61138m^2。其中地上建筑面积53038m^2，地下建筑面积8100m^2。项目包括学生宿舍、学生食堂、学生活动中心、垃圾房、地库等。

其中，塔式起重机安装参数见表 3-1。

塔式起重机安装参数表 表 3-1

塔式起重机型号	ZTT7023-12
起重臂长度	70m
平衡重配备情况	总重 20t，由 8 块配重组成，具体为 2 块 0.8t、2 块 1.9t 和 4 块 3.65t
独立高度(吊钩高度)	由 1 节基础节和 17 节标准节构成，相对承台高度为 60m
基础面标高(相对±0.000 标高)	1.3m
汽车式起重机架设塔身节数(起重臂下沿相对±0.000 标高)	由 1 节基础节和 3 节标准节构成，总高度 21.65m
辅助工程设备型号	XCA80L5 型(18.3t 配重)和 QY100K7C_1 型汽车式起重机
辅助设备停位标高(相对标高)	5.30m
工程作业特点	自然地坪

3.2.2 应用内容及方法

应用内容：塔式起重机安装方案。

（1）依据工程概况自动生成塔式起重机安装方案关键文本

能够根据输入的工程概况，快速且精准地生成包括编制依据、施工计划、施工工艺、施工安全保障措施以及施工作业人员配备和分工等在内的全面且详细的塔式起重机安装方案文本内容。

（2）快速复用项目应急预案

具备高效的应急预案复用功能，可在塔式起重机安装过程中，迅速调用本项目的应急预案，为应对可能出现的突发状况提供有力保障。

（3）数据计算与性能图表提供

根据选定的塔式起重机型号和辅助工程设备型号，能从数据库中快速提取相关数据，进行吊装钢丝绳强度计算、汽车式起重机支腿受力计算以及吊装安全系数计算，并及时附上清晰直观的相关性能图表。

（4）支持多种汽车式起重机辅助安装

方案编制过程中充分考虑了多种辅助工程设备辅助安装工况，分别计算部件的吊装安全系数和支腿受力（图 3-3、图 3-4）。

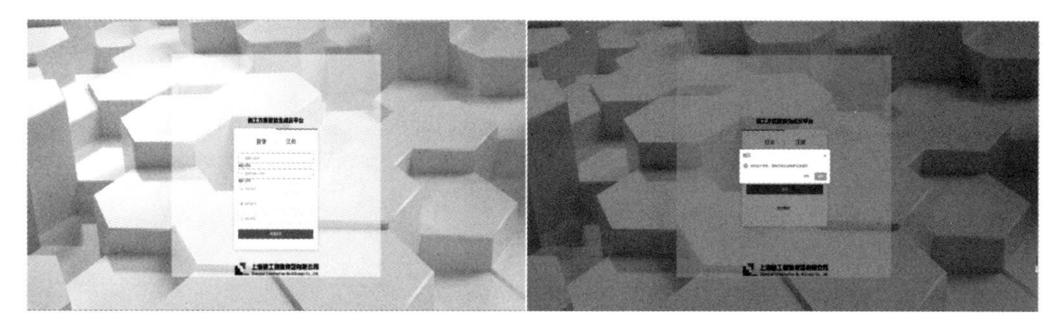

图 3-3　智能化施工方案生成系统界面

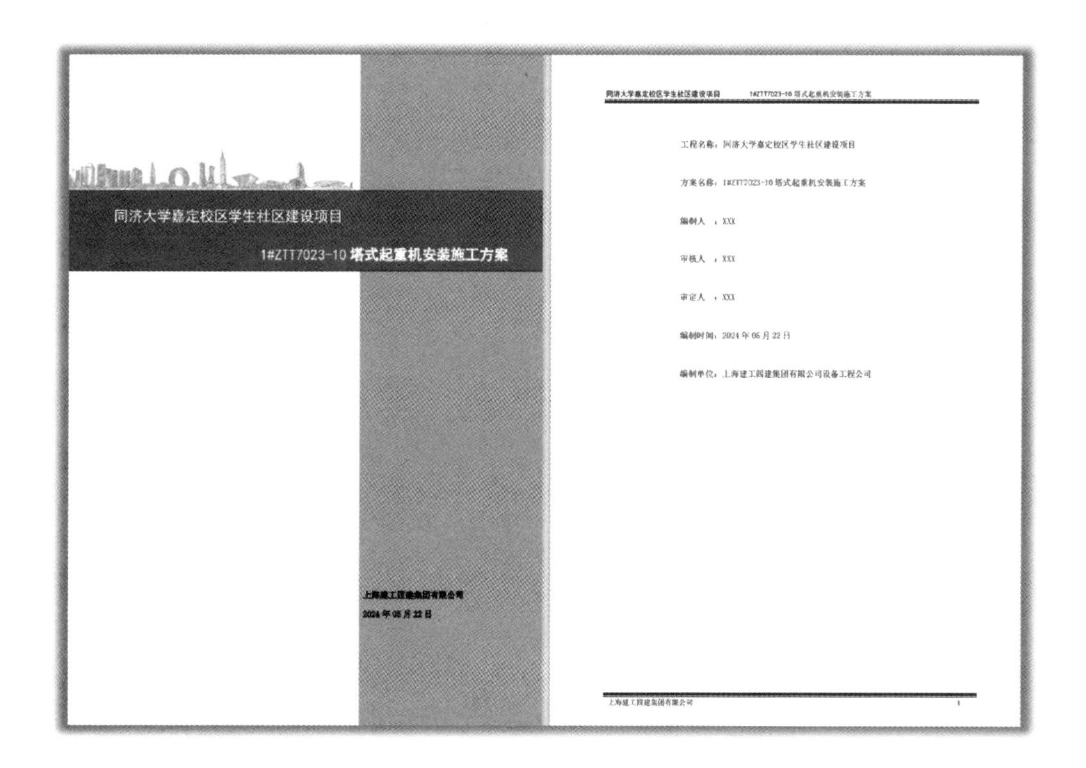

图 3-4　智能化生成的塔式起重机安装方案

3.2.3　应用实施效果

与传统撰写方式相比，此软件主要具有以下优势：

1）编制效率提升：将关键变量精简至 30 余项，使得施工工艺等结构化文本的自动生成仅需 3～5min，相较于传统方法，效率提升了 90%，极大缩短了施工方案的准备时间。

2）计算效率提升：内置的吊装计算模块，能够自动校核塔机各部件的吊装计算项，智能设计吊装方案，并进行快速校核，从而确保了施工方案的精确性和安全性，进一步提高了施工方案编制的效率和可靠性。

3.3 在水一方异形曲面智能化施工

3.3.1 工程概况

在水一方新建工程位于上海市奉贤区上海之鱼核心位置。东至湖畔路，南至雕塑艺术公园，西至金海湖，北至绿地，周边紧邻金海湖及绿化公园，环境优美，风景宜人，让人流连忘返（图 3-5）。

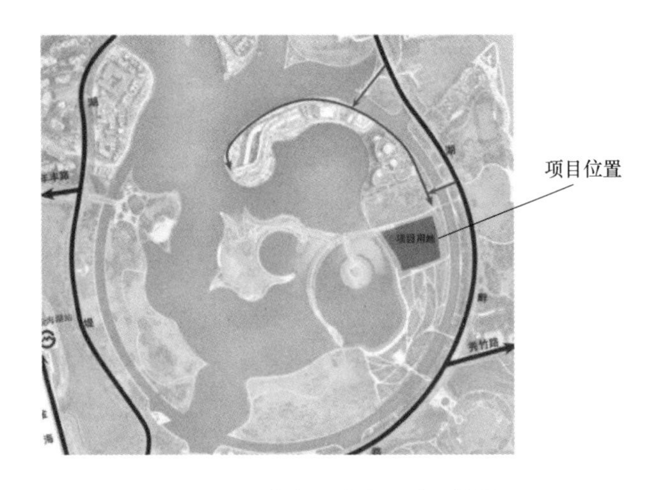

图 3-5 在水一方项目地理位置

本建筑为双曲不规则造型，设计理念为远端遥望似山川丘陵，坐落于绿化湖景之间，更增自然风光之感；身处其中，四面超白玻璃，目光所及，皆为花草树木粼粼湖面，令人仿佛身漾于自然之中，增加了环境与人的融合（图 3-6、图 3-7）。

图 3-6 在水一方项目外观效果图

图 3-7　在水一方项目内部效果图

基于复杂的建筑形态，造成了本项目结构类型尤为复杂，图纸中整体结构类型为“空间异形壳＋核心筒”结构体系，专业类型含有混凝土、钢结构及预应力，受力元素有桩基础、地下室梁板柱、八个山包、山包内的开花柱、上下壳面以及连接上下壳的六片 X 墙（图 3-8～图 3-10）。

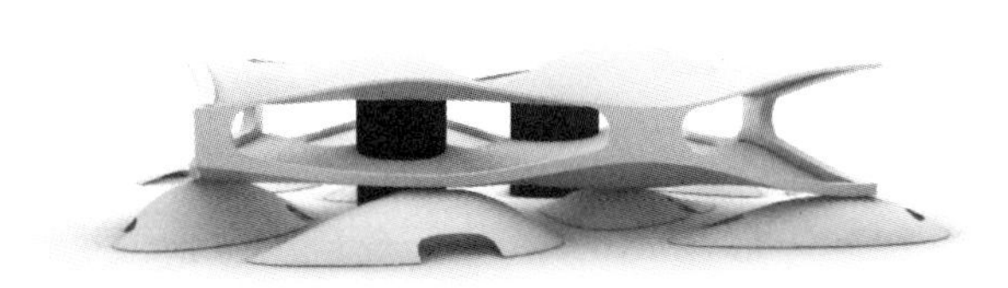

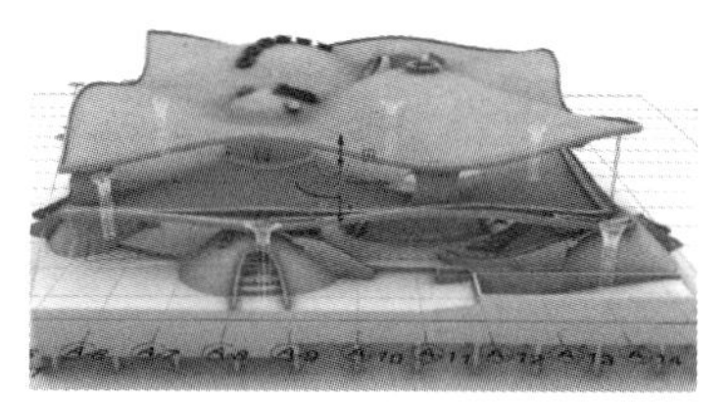

图 3-8　在水一方项目结构立面及俯视示意图

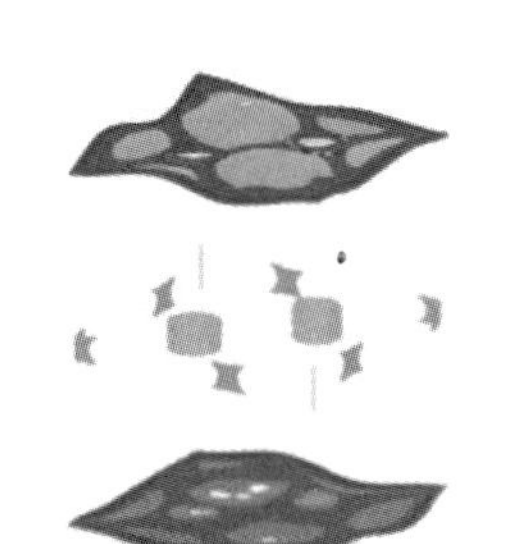

上壳面：变厚度混凝土壳(内含钢骨及有粘结预应力)

二层竖向构件：核心筒+X墙(内含钢骨)+幕墙角柱

下壳面：变厚度混凝土壳(内含钢骨及有/无粘结预应力)

图 3-9　在水一方项目结构受力元素展开图（一）

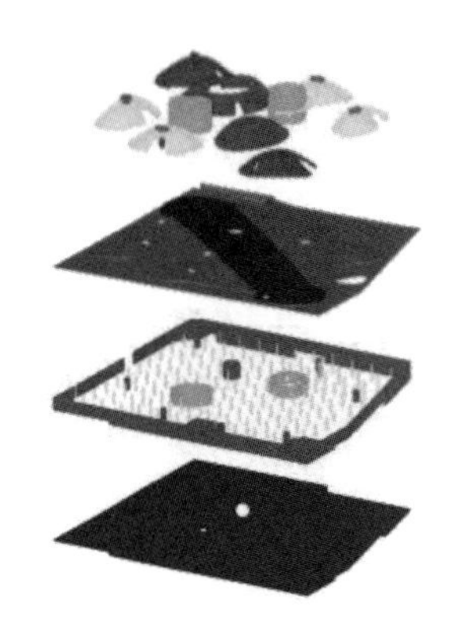

图 3-9　在水一方项目结构受力元素展开图（二）

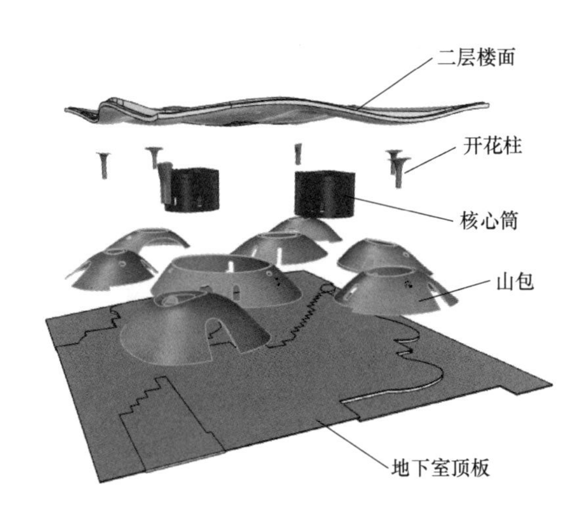

图 3-10　在水一方项目结构受力元素三维展开图

3.3.2　应用内容及方法

在水一方工程最大的特点在于结构造型复杂，在整个施工过程中，智能化施工最显著的应用场景为混凝土壳面浇筑过程中，对于排架安全的实时监测。

由于壳面为曲面壳，混凝土浇筑过程中的排架安全是浇筑成败的关键。为了保证浇筑过程中人员的安全，项目部在排架上安装了大量的倾角仪，在排架底部安装了大量的测力计（图 3-11、图 3-12）。

倾角仪和测力计将收集到的数据实时传输给现场电脑，计算机中的数据分析软件对数据进行整理分析，当数据触发报警值，会在显示屏中相关点位变成红色预警，管理人员根据实际情况可调整整个混凝土浇筑过程（图 3-13～图 3-15）。

图 3-11　构件检测设备照片

图 3-12　构件检测设备现场照片

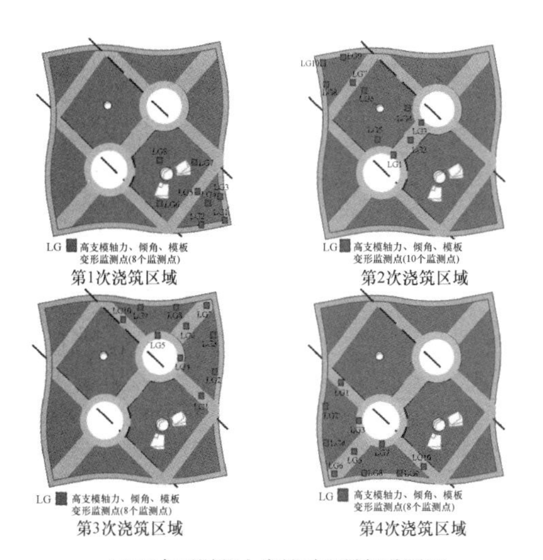

(a) 下壳面混凝土浇筑过程排架监测图

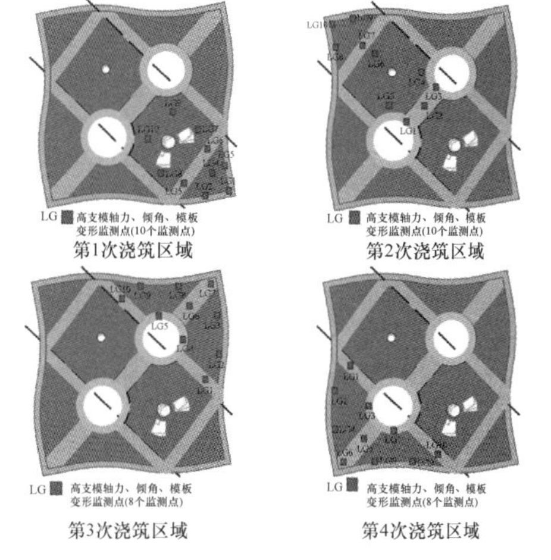

(b) 上壳面混凝土浇筑过程排架监测图

图 3-13　上下壳面倾角仪及测力计布置点位

图 3-14　混凝土浇筑过程实时监测

上壳面排架拆除进度（2023.11.21）

分区	计划落架完成时间	顶托卸载完成时间	现场进度	劳动力情况	
1区	2023. 11. 30	2023.11.18	顶托卸载完成	工种	人数
2区	2023. 12. 05	2023.11.19	顶托卸载完成	修补工	11
3区	2023. 12. 15	2023.11.25（计划）	顶托卸载30%	架子工	35
4区	2023. 12. 20	2023.11.30（计划）	未卸载	/	/

上壳面拆除分区图及现场照片

在水一方项目上壳面高支模立杆监测报表

监测时间：2023.9.27　18:30

施工工况：计划浇筑 1400m³，目前已浇筑 1200m³。

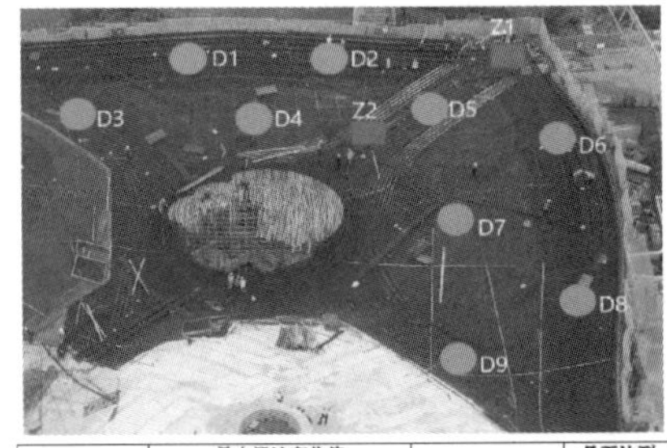

监测点名称	最大累计变化值			预警值	是否达到预警值
	监测项目	数值			
D1	X 倾角	0.129	°	0.22	否
	Y 倾角	-0.079	°	0.22	否
	模板变形	3	mm	10	否
D2	X 倾角	-0.122	°	0.22	否
	Y 倾角	0.034	°	0.22	否
	模板变形	2	mm	10	否
D3	X 倾角	0.036	°	0.22	否
	Y 倾角	0.022	°	0.22	否
	模板变形	0	mm	10	否
	轴力	0.397	t	1	否

图 3-15　混凝土浇筑监测报告

3.3.3　应用实施效果

在水一方项目中运用智能化系统对壳面混凝土浇筑过程中的排架安全进行监测，使得浇筑过程中管理人员对排架的安全状况心中有底，增加了对异形结构施工过程中的安全保障；同时使得管理人员能够在现场办公室，通过一个计算机终端对施工现场能够整体把控，增加了管理效率，降低了管理的人力成本，有利于现场的协调统筹。最终，混凝土浇筑过程中虽有局部排架位移倾角触发报警值，但通过对现场浇筑顺序和方案的调整，使得最终的浇筑效果良好，未出现安全和质量事故（图3-16）。

图3-16　竣工后建筑成型效果

3.4　上海久事国际马术中心幕墙项目智能幕墙安装

3.4.1　工程概况

上海久事国际马术中心项目坐落于浦东新区世博文化公园C04-01a地块，总用地面积 3.32hm^2，建筑设计理念取意“马术谷”，形态呈“Ω”马蹄形，与山谷等穿插交错形成一体，与世博文化公园相融，成为彰显马术运动特色的文化地景，主体建筑包含 1 个 90m×60m 的竞赛场地、热身场、训练场和高规格马厩等竞赛设施，以及约 5000 个观众席、贵宾看台、空中包厢的一流观赛设施。本项目的幕墙系统包括超大尺寸规格双曲异形 GRC/UHPC 系统、异形直立锁边屋面系统、双曲面屋面蜂窝铝板系统、双曲面陶棍吊顶系统、国内首个群控可升降灯光平台系统及多用途马厩开启门窗系统等共 30 余个系统。

3.4.2 应用内容及方法

本项目施工体量大，多种幕墙系统交接处理，整个屋面为渐变曲面，曲面曲率变化大，看台屋面板最长的长度约为 45m，如何保障施工时长度方向没有接缝，同时包含对众多天沟、水箱、检修洞口的安装，防水要求高，施工难度大，屋面的蜂窝铝板由三角形、梯形形状拟合的曲面组成，要实现拟合后的曲面顺滑、流畅，设计及安装要求高。本项目采用以下智能建造手段，来解决以上这些难点：

（1）可视化漫游展示

在项目设计策划阶段通过可视化漫游展示、施工区域划分、重难点施工措施模拟及二维码可视化交底等方面进行可视化展示，帮助项目参与者更好地了解项目概况，有利于提高后期施工质量。

（2）正向数字设计

项目前期采用参数化设计对建筑表皮进行参数化和有理化分析，设计过程中自主研发了异形三角形幕墙分格均匀化创建方法，采用流体动力学算法，建立原始幕墙表皮，实现三角形角点的等距均匀化运动；自主研发应用基于图形批量摊平的数字化加工方法、现场信息提取及逆向建模下单（图 3-17～图 3-19）。

（3）智能测量

通过放样机器人的应用，将数据整体录入，直接提取数据打点放样，智能化识读、分析判断，不依赖于现场的轴网和标高线，整个放样过程中无须拉皮尺，自动打出激光点用以标识，较传统放样方法效率提升 6 倍（图 3-20、图 3-21）。

（4）三维扫描、数字仿真及正向纠偏技术

利用三维扫描技术在短时间内获取主体钢构的精确三维数据，通过生成的三维数字模型，运用数字仿真技术对整体幕墙模型进行空间分析及碰撞检测等测试，及时修改碰撞位置，保证建筑效果的同时也有效地控制了工程造价，其次通过三维数据模型

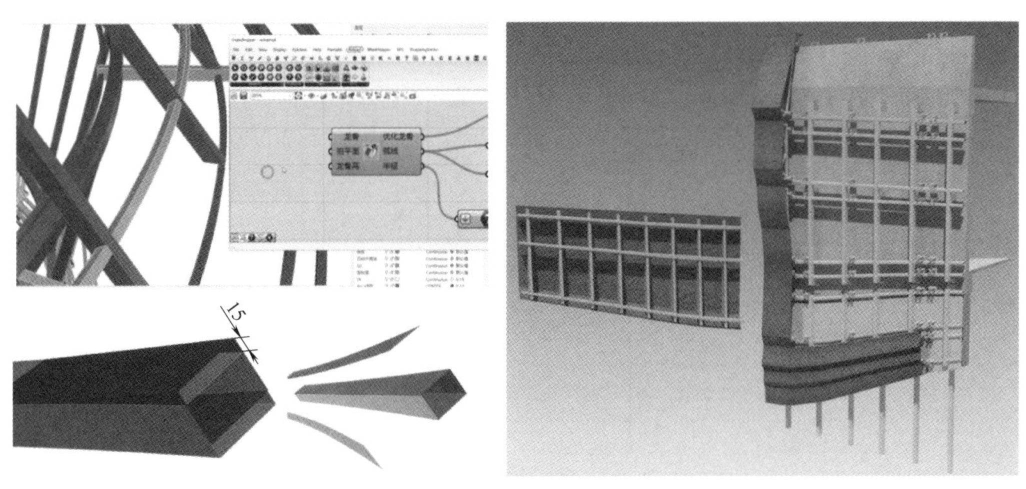

图 3-17　双曲龙骨优化单曲

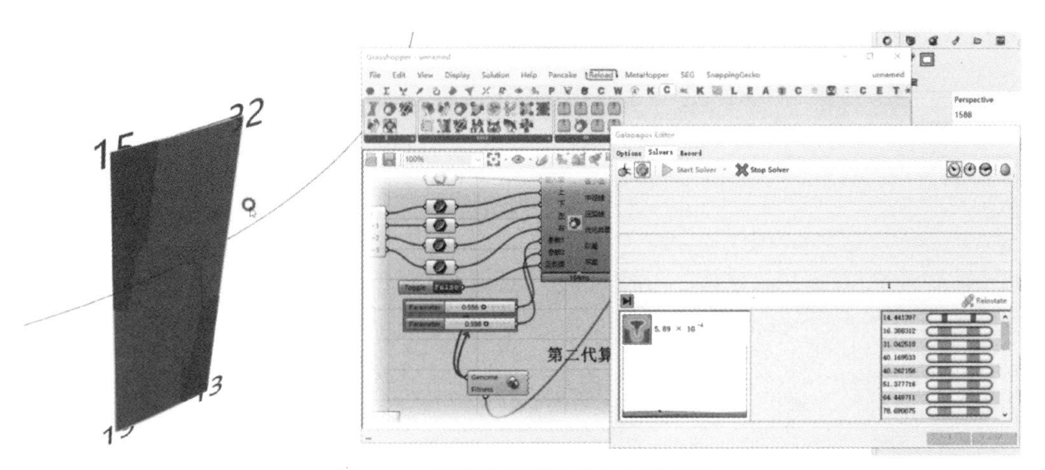

图 3-18　遗传穷尽算法求角点最小值

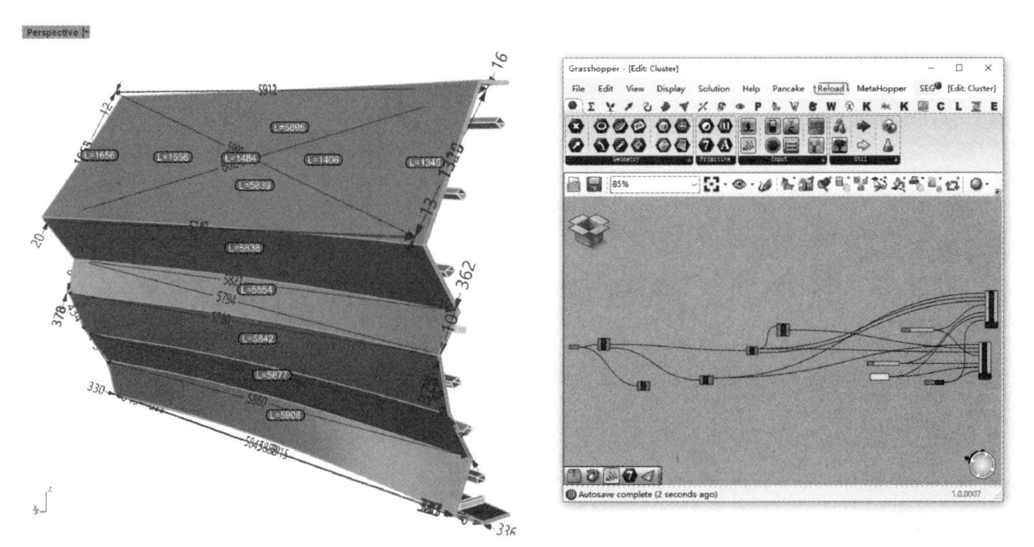

图 3-19　参数化提取 GRC 面板

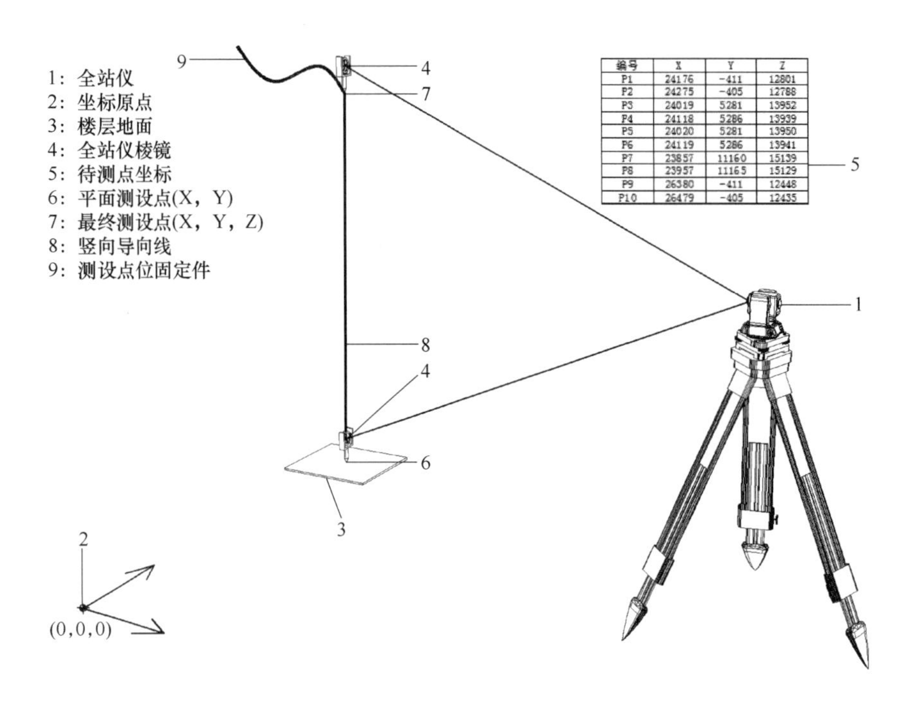

图 3-20　数字化测量方法

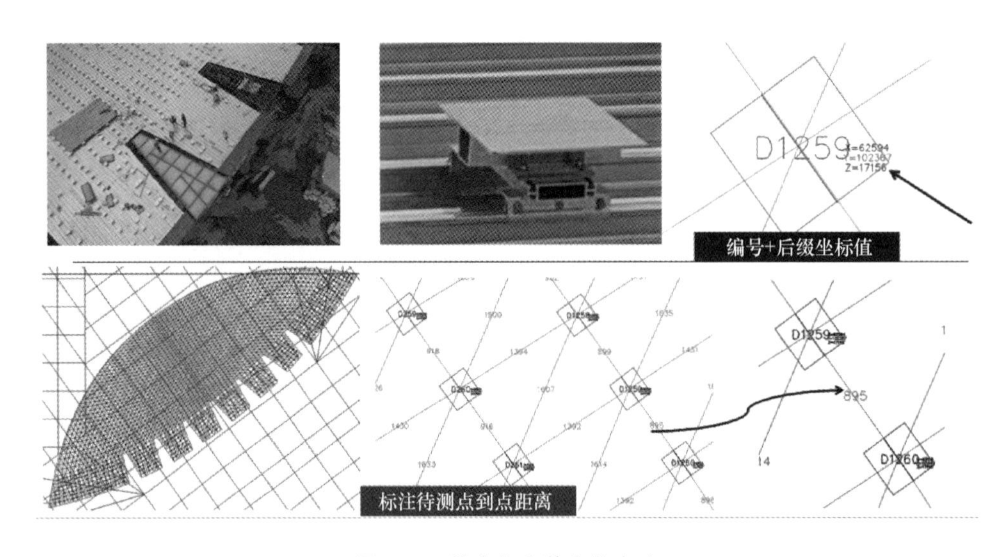

图 3-21　数字化安装定位方法

为后期屋面的正向设计模型的建立及优化提供模型基础。利用正向设计生成幕墙埋件图，立柱布置图，以及进行幕墙节点优化出图，在设计阶段进行优化分析，提前解决设计问题和施工中的潜在错误，最终达到缩短设计周期、节省成本、提高建筑工程质量的目的（图 3-22）。

图 3-22　3D 扫描提取复杂钢构安装位置

（5）智能管控平台应用

施工阶段通过智慧工地可实时收集、处理并展示工地上的各类数据，包括项目进度、质量、安全等方面的信息，使管理人员可以迅速获取工地实时状况，及时做出准确的决策，为项目施工保驾护航。智慧工地企业看板具备实时预警功能，针对质量、安全等方面的问题进行及时预警，帮助管理人员提前发现并处理潜在风险，降低安全事故的发生概率（图 3-23）。

图 3-23　智慧工地智能管控平台

(6) 幕墙机械管理系统

马术馆高峰期投入施工人员多，总体幕墙施工机械及登高设备使用量大，因此采用幕墙机械管理系统对施工机械及操作人员上岗进行规范化管理（图 3-24）。

图 3-24 幕墙机械管理系统

3.4.3 应用实施效果

本项目通过数字化建模、空间曲面模拟、参数化下单和数字化测量，显著提升了设计与材料下单的效率，有效避免了现场的错漏与碰缺现象，进而提高了施工的效率和质量。同时，借助施工智能应用平台、可视化管理、数字化智能管控及 720 全景图等数智化施工技术，施工管理过程中的工作效率提升超过 20%。

本项目创新了一种新型建造方式，确保了上海国际马术中心外立面及屋面装修工程的高标准建造，成功打造了中国首座符合国际五星级标准的永久性马术场馆，为上海卓越体育城市建设增添了一幅浓墨重彩的优美画卷。

3.5 上海博物馆东馆智能机电安装预制加工

3.5.1 工程概况

上海博物馆东馆新建工程总用地面积 4.6hm^2。工程总建筑面积 113200m^2，地上部分 81297m^2，地下部分 31903m^2。其制冷机房主要包括循环水泵 28 台，其中空调热水泵7台，锅炉热水循环泵4台，冷冻水泵9台，冷却水泵8台，冷水机组6台，板式换热器5套，及相应的管道、阀门和其他附件。

3.5.2 应用内容及方法

预制机电管线构件的生产加工属于集中作业管理，预制加工场地内具有人员、机具、材料等管理优势，对管段模块的下料、组对、焊接、检验等过程管理也更系统化、专业化，可以有效减少临时材料、零星材料的使用及所需的人工。

引入智能化技术，建立预制机电管线构件智能化生产线，做好预制机电管线构件的生产加工的关键在于：一是通过BIM、三维扫描等技术，对机电管线系统进行深度优化设计；二是采用标准的模块化设计，使泵组、冷水机组等设备形成自成支撑体系的、便于运输安装的单元模块；三是采用智能化机械实现自动坡口、组对、焊接等作业，形成作业流水线进行管道加工和焊接预制；四是利用二维码、物联网等技术，建立机电管线构件物流管理平台，提升预制件的物流管理效率。

上海博物馆东馆新建工程主要针对制冷机房部分进行机电管线构件的预制生产加工及运输。具体操作如下：

（1）机房的模块化三维建模

根据正式的建筑蓝图，使用Revit软件对机房内建筑结构进行初步建模工作，利用三维扫描仪对现场实际建筑情况进行扫描，调整电脑建筑结构模型误差。根据收集的各设备及管件、阀件的信息，结合建筑结构模型，进行机电设备的布置以及机电管线的综合布置，以便实现管线的最优化布置（图3-25、图3-26）。

图3-25 机房结构3D扫描

图3-26 制冷机房BIM模型（局部）

（2）智能模块单元分割设计

当管线优化后的最终模型得到现场施工人员确认后，将BIM模型通过预制加工软件Rebro的插件Rebrolink作联通，将所有构建参数转化为预制加工软件Rebro能读取使用的文件。根据制冷机房设备与管线的排布情况及现场施工条件，通过对机房整体模型模块单元分割设计并编号，将设备与管线分割设计为不同的模块单元，并生成分段加工图纸。

为了便于现场的材料运输，模块分割时将每个分段组件的尺寸控制在现场施工场地和条件所能允许的最大规格范围内。对于分段组件之间的连接，则将连接位置设置在阀门或其他连接配件处。另外，为了避免现场安装偏差给整体管段预制带来的影响，在设备接口处设置部分现场调整段，通过调整段消除现场施工所带来的误差。

（3）机电管线构件的智能化预制生产装备

根据分段加工图纸进行管道的测量、分段切割，采用自动坡口机，一次切割成型下料，能够精准控制管道的尺寸和坡口角度，节省后道人工破口的施工工序，同时也能保证较好的焊接质量。重量较大的管道通过机械运输至自动焊接机上，根据需要焊接的管道规格，基于智能技术进行焊接层数、电压、电流等参数的设置与匹配，进行管段模块单元的预制加工（图 3-27）。

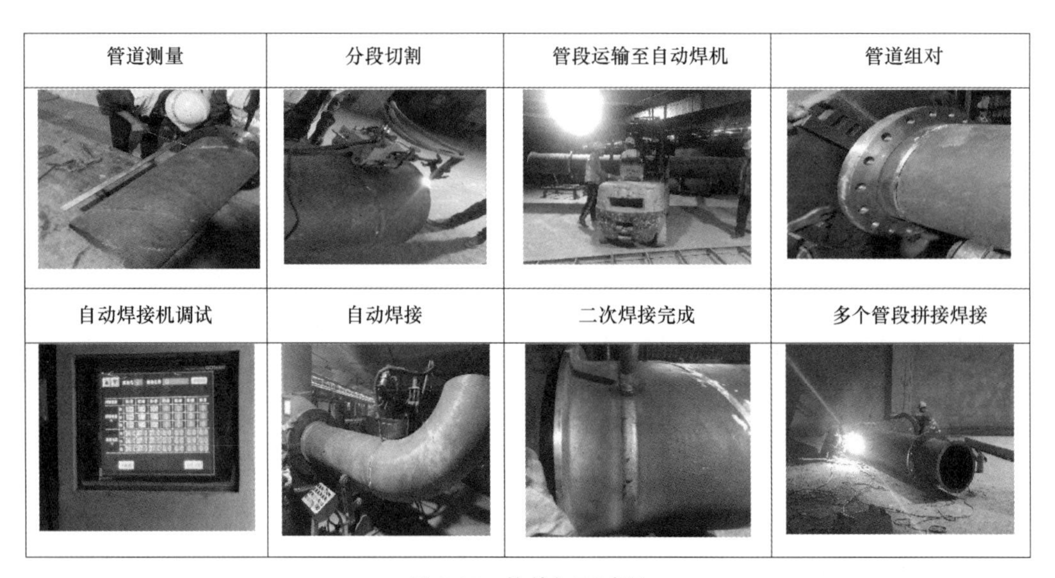

图 3-27　构件加工过程

（4）机电管线构件的智慧物流运输

机电设备与管线模块化单元的运输，不同于传统将机电系统各专业管线与设备分别运输的情况，对于模块化单元产品保护的要求更高，装载及运输难度更大。为解决其运输效率低下，成品质量难以保护的难题，定制开发了机电管线构件运输工装，可以保护预制完成的管道（法兰、弯头、三通），实现工装连同管道装在货车上，保证了成品管段在运输过程中的质量。同时，基于二维码和RFID的物流管理技术，制作各模块单元的专属二维码，实现了对设备与管线等预制模块单元在生产、运输、装配等环节的物料信息追溯，达到手持端和电脑端的双向追溯管理，提高建筑机电工程装配化施工信息管理的可追溯性和效率（图3-28～图3-30）。

图3-28　工装连同管道装载发车

图3-29　带有二维码的管道

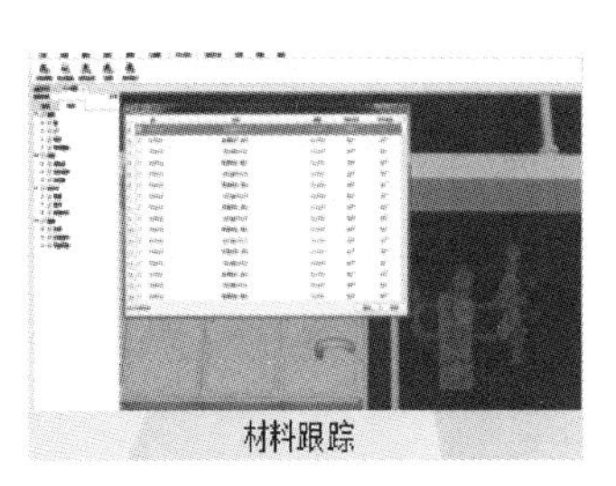

图3-30　智慧物料运输管理平台

3.5.3　应用实施效果

在上海博物馆东馆工程中，通过上述智能化管线预制技术的应用，将传统的管线制作周期由半年缩短至1.5个月左右；同时加大了预制的精度，使得后期管线安装的成功率在原基础上提升45%左右，降低了约20%的返工的工程成本。

3.6　张江地块项目智能机电安装

3.6.1　工程概况

张江地块项目位于上海张江科学城北部的城市副中心的核心区。该项目用地面积17252.1m^2，总建筑面积270218.48m^2，包括1号办公塔楼、2号功能性商业楼、3号服务性商业楼及其配套的地下停车库与设备机房。

3.6.2　应用内容及方法

传统的机电安装方式是将材料运到现场进行切割、组对、焊接，再利用人工、葫芦、龙门架完成设备管线的安装，需要使用大量的人工，施工效率较低。而机电设备与管线模块化的安装则是将工厂化预制加工好的各机电管线模块化单元，在施工现场组合拼装以装配化施工的方式进行，能够提高建筑工程机电安装施工工效，降低劳动强度，减少现场环境污染、保证施工安全及工程质量。

基于上述问题，在本工程中引入智能化技术，做好机电管线设备安装的精益施工和质量检测的关键在于：一是进行机电工程设备及管线模块的预制生产加工，利用BIM虚拟仿真技术对不同场景的机电工程设备及管线模块的安装进行虚拟建造。基于现场虚拟建造的方案比选，可为建筑机电设备及管线模块的差异化装配安装提供指导，从而实现不同场景机电设备与管线模块的快速、精准安装。二是利用新技术、新工艺等进行机电模块化单元现场安装工装的开发，实现机电设备与管线模块单元的高效吊装、精准就位、高效装配。三是通过三维激光扫描技术对现场安装的机电管线设备进行数据采集与整理，与设计的三维BIM模型相比较，进行机电管线设备安装的质量检测。张江地块项目主要针对机房、楼层、管井处的机电设备与管线模块单元的安装进行了精益施工和质量检测。

（1）基于BIM仿真技术的装配施工虚拟建造

通过施工模拟和BIM管段编号，利用手持式编码读取仪核对设备及管线模块的属性信息，确保其在模型中和现场的安装位置一致。基于现场施工动画模拟，优选最佳设备及管线模块安装顺序，利用多组捯链或专用管架提升等方式调整管线模块标高和方位，组对稳妥后，及时固定在支吊架上。在确保安装精度和质量的前提下，完成预制设备与管线模块的整体提升组对及法兰盘拼接。

（2）楼层管线模块单元安装技术与智能举升装备研发

针对机电系统楼层管线种类多，数量多，安装过程吊装举升作业量大、危险性高、效率低的现状，定制开发了机电设备与管线模块化单元自动举升工装，可将机电管线模块整体举升至常规民用建筑管线安装标高（3～4m），自动托举钢管、风管、桥架等各专业管线模块（图3-31）。

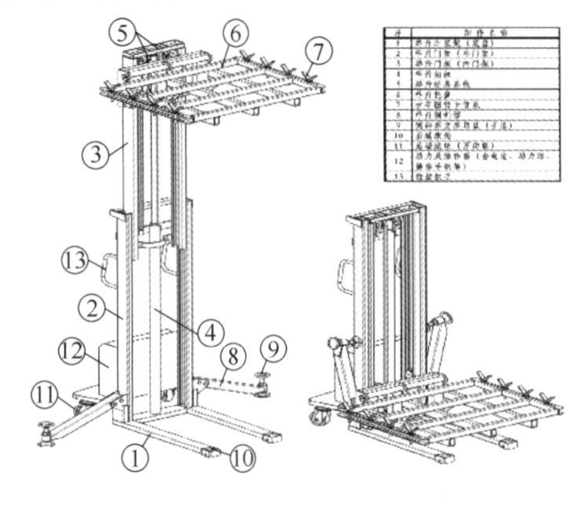

(a) 工装示意图

(b) 工装实物图

图3-31　机电设备与管线模块化单元安装工装

(3) 管井成排管线吊装和精确组对技术与装备升级

高层、超高层建筑管井内单根管道重量大、管径大，当管井内布置有多根立管时，施工空间变得极其狭小，严重影响施工进度和质量安全。为解决上述难题，定制开发了机电管线模块化单元快速自动吊装工装，可以实现从管束拼装集成、移位、垂直起吊到最后吊装就位完成安装的整个作业流程。采用该套工装进行成排立管安装，仅需4名管道工人相互配合就可完成管排的组装、吊装、焊接固定等流水作业。相较于逐根立管安装的方法，利用自动吊装技术有效提高管井施工效率及管道安装质量（图3-32）。

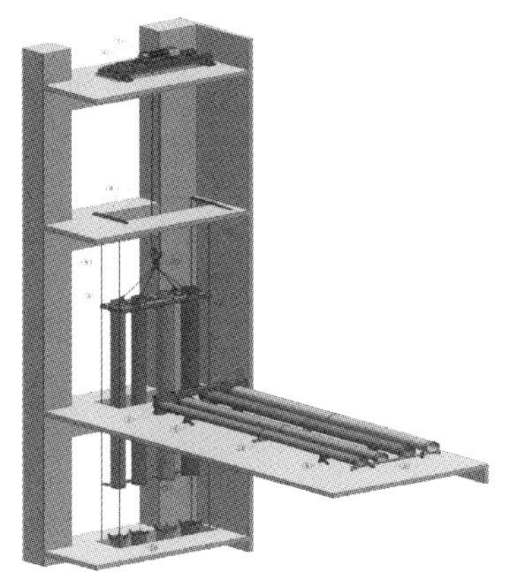

图3-32 机电模块化单元快速吊装工装示意图

(4) 机房设备与管线模块单元安装技术与装备

管道在车间预制加工完成后进行预拼装，完成后不需要再拆卸短管和阀门，而是作为一个整体模块单元运输至施工现场进行安装。为实现经过工厂化预制形成的管线模块单元的高效安装，定制开发了设备进出口管线模块单元安装工装，包含水平部分和竖直部分，可实现在机房内整体安装水泵设备进口水平段和出口立管段管道及管件，减少工作误差，降低人工强度，提高工程整体施工效率（图3-33、图3-34）。

图3-33 水平管线模块单元安装工装

图3-34 竖直管线模块单元安装工装

(5) 机电管线安装精度复核复查

机电管线安装完成之后，单靠人工很难全面复核出每个位置安装的准确性。而三维激光扫描仪很好地解决了这个问题，只需要很少的站点数，就能记录现场海量的数据信息，一次扫描获取的数据可为后期整个施工过程服务。利用机电管线完成安装后的扫描点云模型，与设计的三维 BIM 模型相比较，利用误差分析及颜色展示功能，就能直观地展示所安装的管线与设计之间的误差。而随误差大小变化的颜色则能明显地标示机电管线的安装质量。通过 BIM＋三维激光扫描技术的结合应用，打通了设计与施工之间的数据流通，提升了智能化安装程度。

3.6.3 应用实施效果

通过对传统 BIM 技术和施工工装的智能化优化和功能提升，服务于张江 68 号地块的工业化机电施工中，将装配式施工程度由 70%左右提升至 90%以上，节约了 20%左右的工期，缩小各类管线材料损耗至 2%以内。智能化装配式施工虽然会加大预制的成本，但由于大量减少了人工成本，综合缩小建设成本约 7%。

3.7 浦东机场四期工程混凝土养护机器人施工

3.7.1 工程概况

浦东国际机场四期扩建工程包括航站区、飞行区、旅客捷运、市政配套、新东货运和附属配套六大部分。本项目混凝土施工作业面积大，在项目施工过程中，针对目前新浇筑混凝土养护多采用人工洒水方式，其存在养护效率低、养护管理不到位、养护工艺智能化程度低等问题，综合利用智能传感、自动化控制技术，研发了混凝土智能化洒水养护机器人，可根据现场监测混凝土温度参数评估混凝土开裂风险，采用智能化方式对收缩应力较为集中的特定区域进行洒水养护，实现混凝土精准养护，提高混凝土养护智能化水平，降低不良养护措施对混凝土结构性能的影响，减少现场人力资源及水资源消耗，提升绿色化施工水平。

3.7.2 应用内容及方法

(1) 主要应用内容

本项目针对目前混凝土养护存在的不足，采用机器人洒水技术，可实现大体积混凝土、混凝土墙、梁板柱等上部结构等场景的混凝土养护。大体积混凝土一般根据混凝土相应点温差来控制养护时间，当混凝土表面以内 40～100mm 位置温度与环境温度差值少于 25℃时，结束覆盖养护，采用洒水养护方式继续养护，可结合现场测温数据，对需要重点养护的混凝土进行定向洒水养护。混凝土墙体由于其结构特点，混凝土早期塑性收缩和干燥收缩较大，在受约束的情况下，极易发生混凝土开裂现象，该部分结构在带模养护后，可采用洒水养护方法，养护效果好。地下室基础底板与地下室底层墙柱以及地下室结构与上部首层墙柱施工间隔时间通常较长，在这段较长时间内基础底板或地下室结构收缩基本完成，对于刚度很大基础底板或地下室结构会对与之相连的墙柱产生很大的约束，从而极易造成结构竖向裂缝，对这部分结构需重点养护。

混凝土智能化洒水养护机器人采用智能化传感器动态感知现场环境，建立养护场景环境地图，实现现场复杂环境下自动定位与路径规划；结合不同结构部位、不同混凝土龄期收缩开裂特点，有针对性采取相应的洒水养护措施，实现对大体积混凝土底板、混凝土墙体、梁板柱等区域的定向洒水养护。相比于传统混凝土施工养护作业方式，本机器人施工具有以下创新点：

1）基于即时定位与地图构建（Simultaneous Localization and Mapping，SLAM）技术，通过激光雷达、磁传感器、深度摄像头、碰撞传感器等多传感器数据融合建立施工现场格栅地图，实现施工现场动态建图和精准定位；基于所建立的格栅地图，采用智能化算法实现最优路径规划；采用双深度摄像头、碰撞传感器、激光雷达等多传感器融合获取现场信息，精确识别动态、静态障碍物并实现避障。

2）针对上部结构混凝土养护机器人机械臂控制要求，采用串联机器人结构，通过关节中设置的编码器控制机械臂姿态，通过末端执行机构装设超声波测距仪，以实现对养护执行机构末端精准定位，确保执行机构末端精准到达需要养护的位置；研发了智能机器人洒水养护技术，建立针对保湿类养护点体系，建立基于洒水流量、喷头洒水形态（大流量柱状水或小流量雾化水）及洒水时间控制指标的养护方法。

3）针对梁、板、柱等结构精准养护需求，研发了串联式机器人臂展系统，采用微型电减速器驱动关节运动，并通过编码器监测臂展系统姿态，结合超声波测距仪控制末端位置，精准匹配养护点位；结合混凝土养护现场工作环境特点，通过开放的SDK接口获取底盘参数数据，建立了具有自动定位、路径规划、避障的机器人底盘系统；开发了混凝土智能化洒水养护机器人，可实现现场精准定位，对需要洒水养护的区域进行重点洒水养护。

（2）应用实施方法

以图3-35为例，示意描述混凝土养护机器人工作场景。

1）布置电源及养护原点

机器人现场作业之前，需要在工地现场部署至少一个220V的交流电源，并做好

图 3-35　养护机器人施工工作场景

图 3-36　布置电源以及养护原点

防止现场漏电的相关保护措施。之后，将为机器人提供充电功能的无线充电桩与电源连接在一起即可为机器人提供充电。现场作业时，充电桩所在的位置一般会被设置为机器人现场养护作业的原点（图 3-36）。

2）场景建图与养护点位设置

机器人控制系统可在移动端采用自动建图软件进行工地现场工作场景的建图，建图时系统会自动以充电桩所在的位置为原点，并控制混凝土养护机器人在工地现场作业范围内移动，进而构建工地范围内的工作场景地图（图 3-37）。

图 3-37　机器人工作场景建图

在养护机器人移动端控制系统中设置养护点位，机器人经过测温点位置时，调整机械臂姿态，使得洒水养护终端指向温度传感器所在位置；经过上部格构柱与底板交接处时，调整机械臂姿态，使得洒水养护喷头指向底板与上部柱交接位置，设置为定点洒水养护点。同时设置洒水养护持续时间（图 3-38、图 3-39）。

图 3-38　设置养护点位

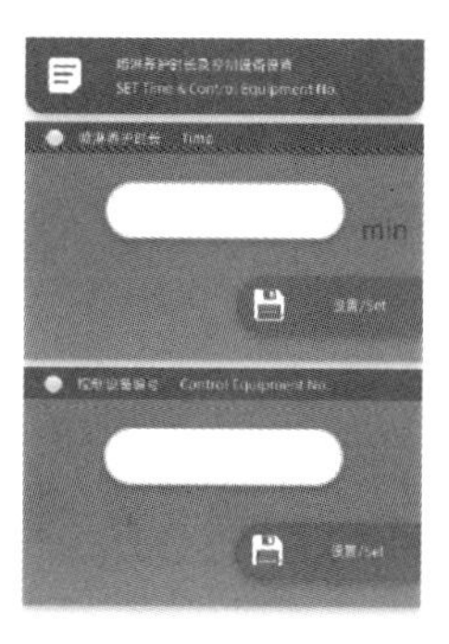

图 3-39　设置养护时间

3）机器人洒水养护

设置完成后，机器人工地现场可根据既定的养护方案，对需要进行养护的关键区域进行定点洒水养护。当机器人电量或储水量不足时，机器人会自动进行充电或补水操作（图 3-40、图 3-41）。

图 3-40　现场洒水养护

图 3-41　养护状态查看

3.7.3　应用实施效果

混凝土智能化洒水养护机器人采用机器人技术替代传统人工洒水养护方式，实现现场精准定位与路径规划，对需要养护的混凝土点位重点进行洒水养护，一定程度解决了混凝土墙、梁、板、柱等上部结构洒水养护难题。实践证明大幅节约了人力成本，减少水资源浪费，实现混凝土浇筑全过程精准养护，具有良好的养护效果。

3.8 西湖大学智慧工地管理

3.8.1 工程概况

西湖大学是在浙江省、杭州市和西湖区政府的支持下，以小而精的模式，致力于创建世界一流大学的新型民办大学。施一公院士任首届校长，社会关注度极高。

西湖大学云谷校区位于杭州西湖三墩双桥区块内，总建筑面积约 45 万 m^2。项目于 2019 年 4 月全面开工，采用 PPP 模式建造，由上海建工等联合体单位组建项目公司，负责项目范围内所有工程的投融资、建设、运营维护、移交及相关配合服务。合作期 20 年，其中建设期 3 年，运营维护期 17 年。建成后将是上海建工服务长三角区域一体化发展的重要标志性项目（图 3-42）。

图 3-42 西湖大学整体效果图

上海建工以西湖大学项目建设为契机，发挥全产业链优势，在建设全过程中通过以 BIM 为基础的各类信息化技术手段，将信息化管理横向覆盖项目管理全范围、纵向贯穿项目建设全周期，打造西湖大学信息化标杆工程，同时为企业信息化转型积累经验。

3.8.2 应用内容及方法

1. 智慧工地建设规划

本项目的 BIM 及信息化工作贯穿于西湖大学项目建设的全生命周期，旨在通过项目全过程信息化管理，打造智慧工地、智慧建造、智慧运维的标杆工程。主要有以下三个方面的工作内容：

（1）横向覆盖——现场信息化

智慧工地信息化系统具备“数据采集—信息记录—数据分析—快速反应”一体化功能，整合施工现场 AI 智能监控监测系统，横向覆盖项目“人、机、料、法、环、测”各个管理重点。对现场进行人员实名制信息管理、车辆管理、材料管理、施工环境监测、基坑变形监测、人员安全行为监控、施工机械运行监控，汇集实时信息，形成管理指令，进行协同工作，辅助工程顺利实施（图 3-43）。

图 3-43　西湖大学智慧工地管理平台

（2）纵向贯穿——过程信息化

在西湖大学项目建设过程中，将信息化管理贯穿材料的招采、运输、安装、验收全过程。通过信息化系统获取的模型量和计划清单量，与现场实物量进行对比，分析偏差原因，及时采取纠偏措施，进而对后续工作进行推演，预防潜在问题的发生。过程信息化，在辅助工程按计划顺利进行的同时，贯通建造与运维的数字信息，构建完整的施工全过程信息数据库（图 3-44）。

（3）建造数据交付——运维信息化

西湖大学的智慧运维，基于建造过程中形成的信息数据库，依托上海建工全产业链能力和全生命周期的标准，构建西湖大学运维管理框架。通过智慧化运维，保障校园基础设施的稳定运行与应急处置，协助校方对西湖大学项目建设资产的资产管理与运维质量监管（图 3-45）。

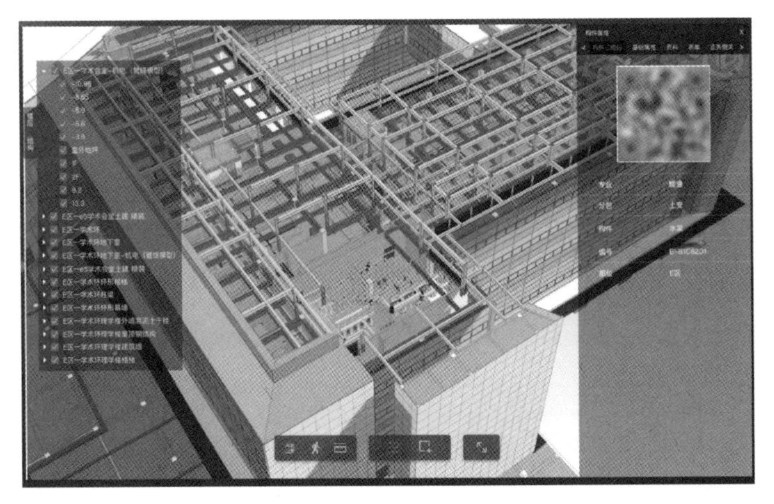

图 3-44　施工全过程信息数据库

图 3-45　基于建造过程的智慧运维信息数据库

2. 智慧工地实施内容

为实现西湖大学智慧工地建设规划，根据项目智能化管理需求，构建上海建工智慧工地系统。在项目建设期间，横向覆盖现场智能化管理，纵向贯通过程智能化管理，辅助项目智慧建造，进而形成工程数字化交付，为智慧运维奠定基础。

（1）现场智能化管理

1）人员实名制智能化管理

在人员管理方面，针对参建单位复杂、人员工种增多的情况，完善人员实名信息库，将人员姓名、年龄、工种、进出场日期等 16 项信息纳入系统管理，工人进出现场接受人脸识别，形成考勤记录明细。

务工人员考勤记录，可进行姓名、工种、单位、时间区间上的筛选，在此基础上，对各单位管理人员数量、各单位工人数量、各类工种人数分布、务工人员年龄分布进行数据分析，并输出图表，从而能够直观把控现场人员情况，辅助劳动力管理。

在依法合规用工方面，智慧工地系统加强对超龄务工人员的管理。系统内人员年龄信息随时间动态更新，系统能够根据设定的超龄年限加以判定。对于超龄人员不予录入，在项目建设期间发现工人年龄接近超龄红线，系统将提醒管理人员及时处理，保证项目用工合规（图 3-46）。

图 3-46　人员实名制智能化管理系统

2）车辆智能化管理

西湖大学车辆管理包括：车辆进出场管理、现场违停监控管理，以及结合智能地磅，对运输材料车辆的称重管理。

随着工程的进行，车辆运输日趋繁忙。为保证现场施工道路通畅，通过智能摄像头在运输主干道划定禁停区域。出现车辆违规停靠时，智能摄像头对其进行抓拍记录，语音报警，提醒车辆及时驶离禁停区域，保证现场运能。

现场通过对车辆进出场进行二次称重，统计每日材料进出场用量。自 2020 年 6 月中旬开始，单日进场材料总计有大规模上升，系统分析数据显示，6 月材料进场峰值发生在 18 日，根据车辆类型识别，单日混凝土进场 1100m^3。通过相关资料信息的互相验证，18 日进行了多个部位的混凝土浇筑施工，模型量约为 1062m^3，料单计划量为 1020m^3，现场验收量约为 1089m^3，这些数据与地磅称重数据基本吻合（图 3-47）。

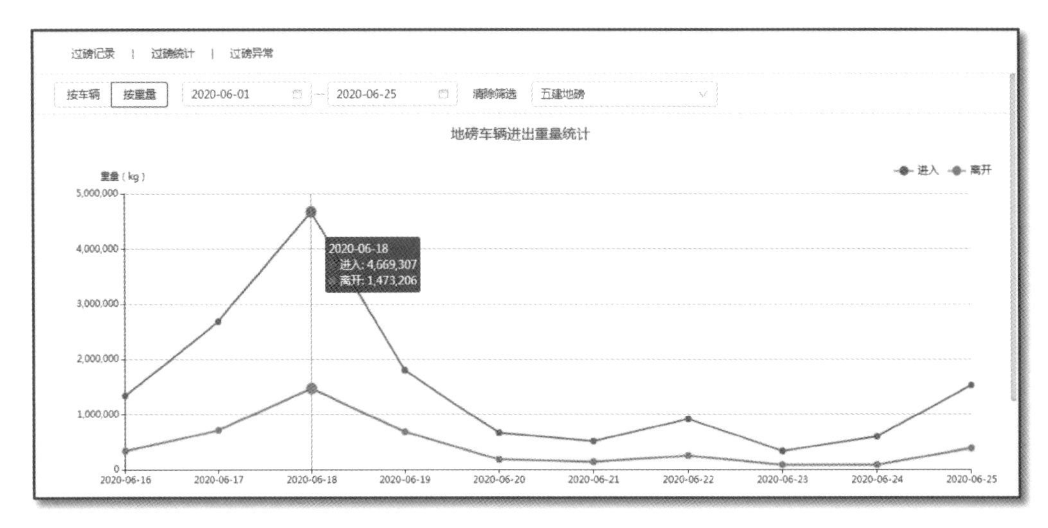

图 3-47　车辆智能化管理系统

3）基坑变形智能化监测

在基坑施工阶段，系统对接各类传感设备，对基坑沉降、测斜、水位、支撑轴力等数据进行全天候监控记录，并上传平台形成数据统计分析图表。当实测数据超过系统后台设定的各项监测数据报警限值时，系统将警示管理人员及时采取措施，防止问题发展扩大，将隐患消除在早期阶段（图 3-48）。

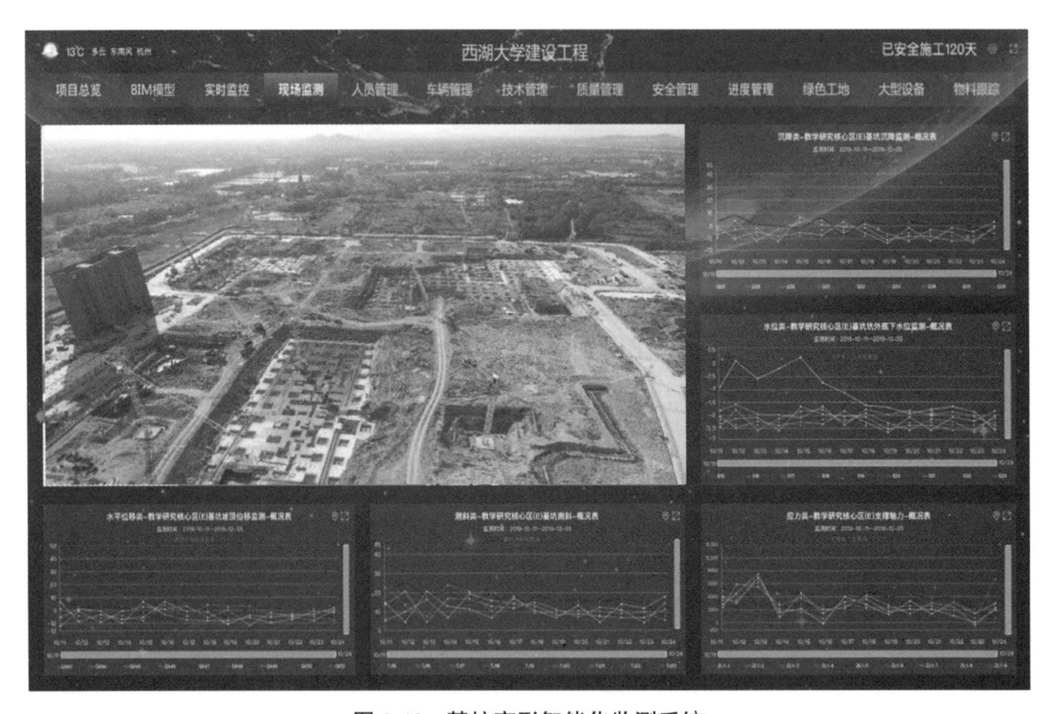

图 3-48　基坑变形智能化监测系统

4）标养室养护智能监测

智慧工地系统接入标养室监测信息，以数字或图像形式实时显示并记录温度、湿度等各项参数，当监控数据出现异常时，系统报警提醒技术人员查找问题，排查故障（图3-49）。

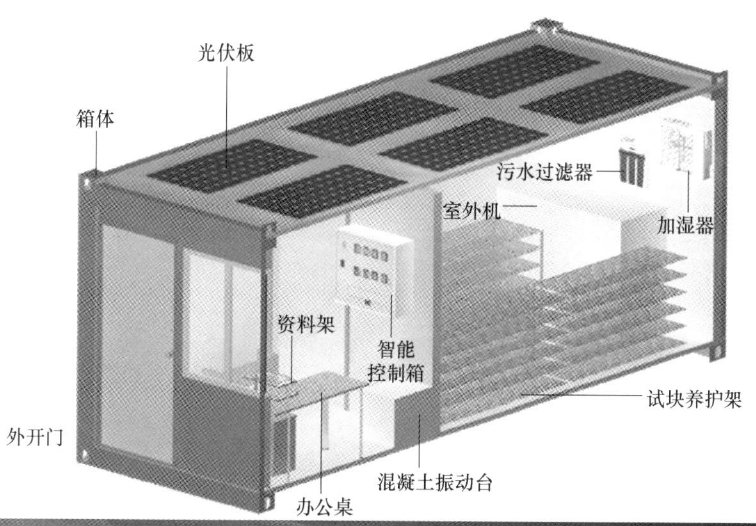

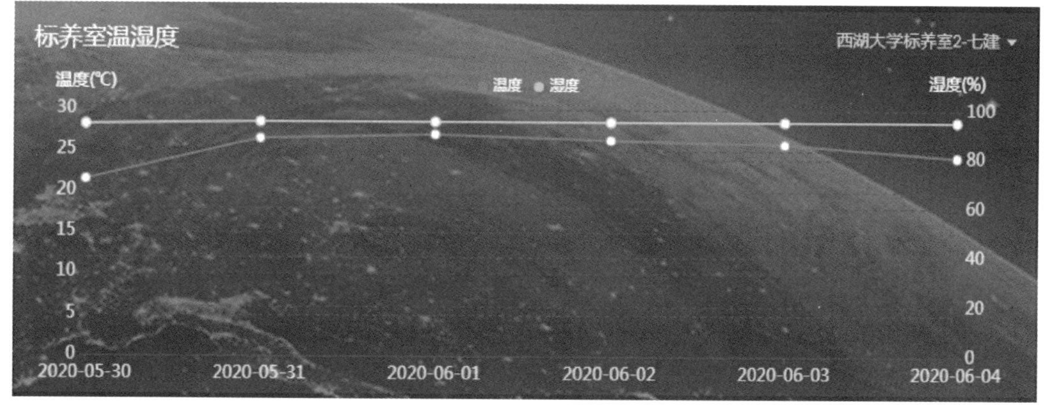

图3-49　标养室养护智能监测系统

5）高支模应力应变智能监测

智慧工地系统对接高支模监测系统，实时监控沉降、应力应变趋势和杆件稳定状态，全天候信息记录并上传平台，数据异常则警示管理人员及时采取措施，确保高支模安全稳定（图3-50）。

6）绿色工地环境智能监测

智慧工地系统对接现场环境监测设备，实时反馈现场扬尘、噪声、空气温度湿度数据，水电能耗智慧抄表，为现场创建绿色文明工地提供信息支持和决策依据（图3-51）。

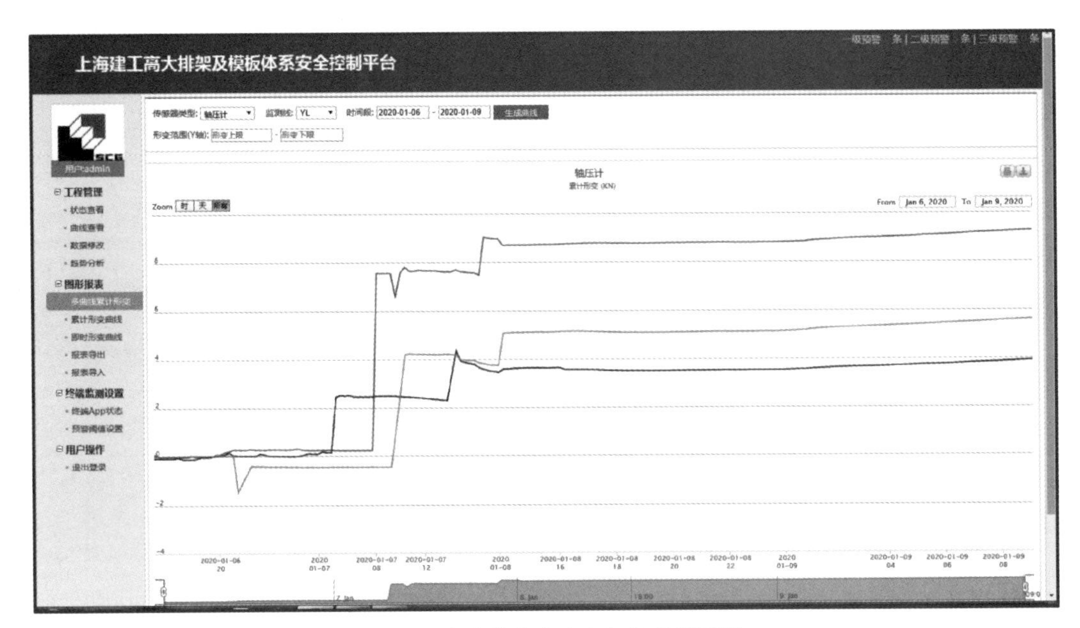

图 3-50　高支模应力应变智能监测系统

图 3-51　绿色工地环境智能监测系统

7）人员安全行为智能监测

为保障施工人员安全作业，通过现场布设基于 AI 人工智能图像采集系统的摄像头，对务工人员安全帽及高空作业安全绳索佩戴进行智能监控，发现违章作业的同时，识别违规人员姓名及单位信息，并及时反馈至系统移动终端，辅助现场管理人员实施监管职责（图 3-52）。

图 3-52　人员安全行为监测系统

8）施工机械运行智能监测

智慧工地系统对接塔式起重机、人货梯等大型机械运行监测系统，全面记录操控人员信息、机械状况、实时吊运荷载、工作路径及天气因素等关键信息。通过全局计算，在群塔作业期间可发出碰撞预警，对人货梯运输超载现象进行智能判断，必要时进行电子限位制动，防止造成重大安全事故（图 3-53）。

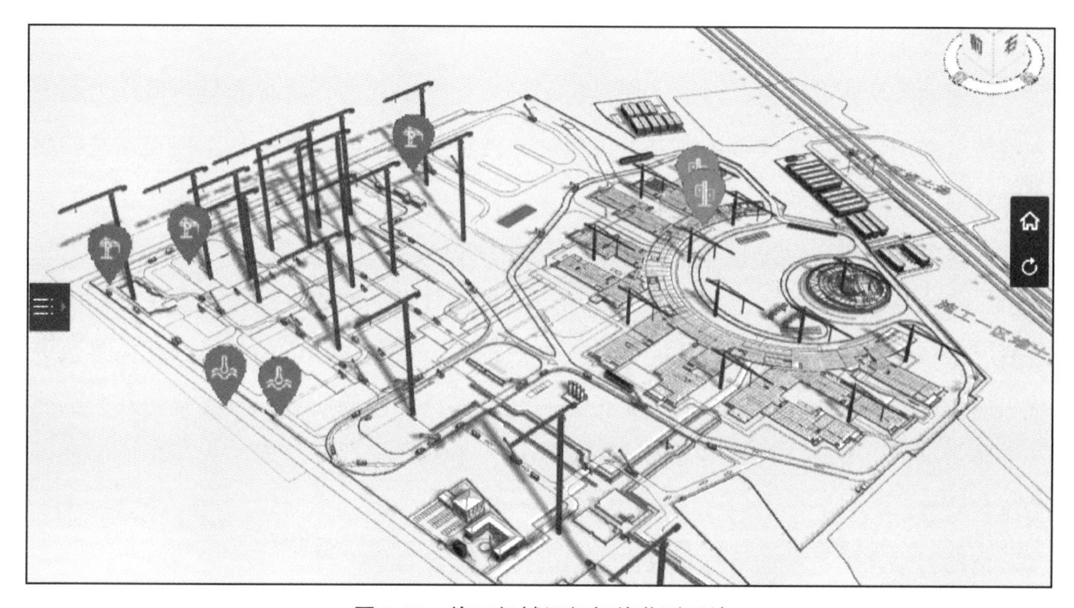

图 3-53　施工机械运行智能监测系统

9）现场协同管理

西湖大学智慧工地系统，具备快速反应能力。在现场巡检中，管理人员发现质量、安全问题，借助移动终端随时发起整改指令，要求相关责任人限期整改，实现检查—整改—复查的闭环管理，高效动态提升现场管控能力。问题处理完毕后，平台对其逐条记录，分类管理，对问题状态、是否延期进行明细汇总，便于问题跟踪。

智慧工地系统在问题协同管理的同时，将各类问题汇总成一个数据库。一段时间内所发生的设计、技术、质量、安全问题均详细记录在案，根据发生区域、问题类型、发生原因进行分类统计，现场管理人员借助大数据的优势，掌握问题分布规律，从而能够有针对性地调整下一步工作重心（图 3-54）。

图 3-54　现场协同管理

（2）施工过程智能化管理

在西湖大学建设过程中，全过程践行了智能化建造理念，将智能化建造作为西湖大学的重点工作进行了部署，致力于实现贯通建造与运维的数字信息，构建完整的施工全过程信息数据库的目标。

具体来说，对于一个设备，一批钢筋或者混凝土，一件钢构件，一批幕墙铝材、玻璃，各种装饰材料等，从招采阶段开始，信息化管理纵向贯穿运输、安装、验收全过程。以一种幕墙胶粘剂为例，完善的模型数据库，需包含以产品型号、功能参数为代表的设计初始信息，也包含实施单位、时间、责任人及验收人、验收合格在内的施工安装信息，以及以产品合格证明、质量标准、生产厂家、产品周期为主要内容的运营维护信息。

借助智慧工地系统的信息集成优势，进行了如下工作：

第一步，根据检验批划分原则，拆分 BIM 模型，以检验批为单位使 BIM 模型能与实际一一对应。同时，建立材料设备清单与合同供应商目录，查漏补缺防止漏项。在对装饰专业饰面和基层材料量的梳理过程中，通过与预结算清单量的比对，整理出漏项内容（图 3-55）。

E区学术环装饰材料导出量整理

序号	名称	规格型号	单位	消耗量
	成品集成带			
1	200mm宽弧形集成带		m	245.216
2	200宽集成带		m	4194.577
3	200宽集成带		m	4493.9
4	200mm宽弧形集成带		m	85.17
	小计		元	9018.863
	彩钢板			
1	MT-06 50mm厚玻镁彩钢板	学术环	m2	1538.817
2	MT-06 50mm厚玻镁彩钢板		m2	8238.023
3	150mm厚聚氨酯彩钢保温板		m2	278.786
4	100mm厚聚氨酯彩钢保温板		m2	468.899
5	MT-07玻镁彩钢板	学术环	m2	941.616
6	MT-07玻镁彩钢板		m2	2767.997
7	彩钢板		m2	1080.655

E区学术环主要材料表

	彩钢板			
1	MT-06 50mm厚玻镁彩钢板	学术环	m2	1538.817
2	MT-06 50mm厚玻镁彩钢板		m2	8238.023
3	150mm厚聚氨酯彩钢保温板		m2	278.786
4	100mm厚聚氨酯彩钢保温板		m2	468.899
5	MT-07玻镁彩钢板	学术环	m2	941.616
6	MT-07玻镁彩钢板		m2	2767.997
7	彩钢板		m2	1080.655
8	150mm厚聚氨酯彩钢保温板		m2	1217.645
	小计		元	
	不锈钢			
1	10mm厚钢板		m2	455.69
2	MT-08 1.2mm灰钛拉丝不锈钢		m2	120.67
3	MT-08灰钛拉丝不锈钢	1.2mm	m	907.699

图 3-55 材料设备数据库构件

第二步，将某一检验批次的模型量、下料的计划量，以及现场实物量数据汇总，得出反映现场施工情况的比对结果（图 3-56）。

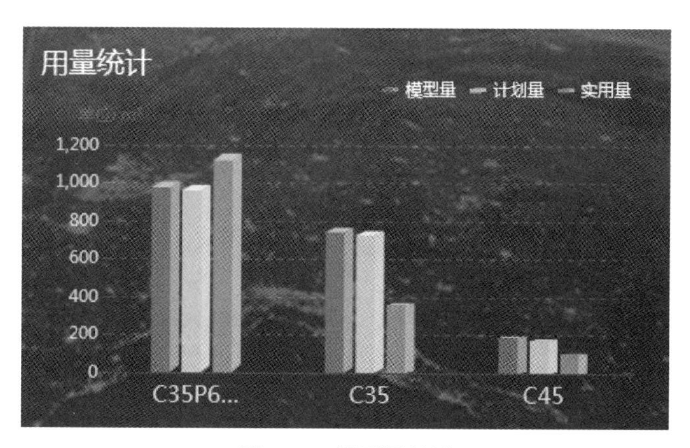

图 3-56 模型量统计

第三步，对于已开展实物量施工的专业，着重于量的对比，校核现场计划可靠度，分析计划产生差异的原因，及时纠偏。

对于混凝土按计划浇筑的部分，模型量相较计划量一般均多出 2%的偏差值，而实际值相较计划量多出 3%～7%的偏差值。对于存在施工延误的部分，找寻偏差原因，及时采取措施纠偏（图 3-57）。

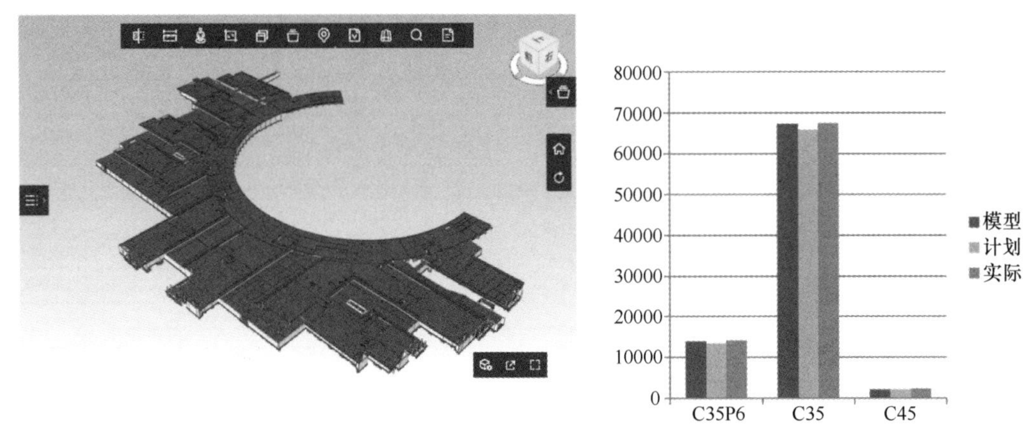

图 3-57　模型量与实际施工量对比图

经过分析，进入上部结构施工后，由于杭州混凝土供应量不足，造成了一定的延误。项目部当即采取措施，将要料计划改为每周两报，确保供应商能够提前备料。同时，调整混凝土浇筑计划，尽量实现错峰浇筑。

第四步，对于未开展实物量施工的专业，着重于施工推演，模拟施工计划与劳动力安排，提前发现潜在问题。

1）在装饰专业的推演中，对各个不同区域，根据施工计划对劳动力进行了模拟安排，根据推演结果，2021 年 3～4 月，将成为装饰专业的用工和工程量的高峰，项目部需提前做好应对准备（图 3-58）。

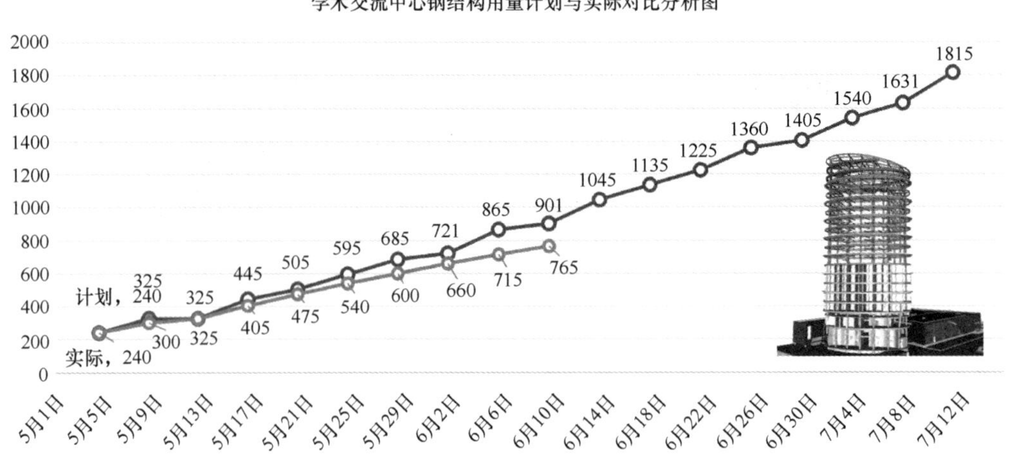

图 3-58　用钢量统计

2）在施工计划推演分析中，“量的比对”与“施工推演”构成了西湖大学项目建设过程信息化的主要环节。借助信息化系统进行“量的比对”，以校核计划可靠度，及时调整纠偏。通过“施工推演”调整施工计划与劳动力安排，发现潜在问题。其结果均反映在智慧工地系统内，为项目建造过程提供第一手原始数据。

（3）运维信息化

西湖大学智慧工地系统，对项目建设全过程信息进行了记录和储备。在此基础上，通过与项目建设阶段的衔接，准确掌握各类设施设备资产的建造和运维信息，为运维阶段应用提供数据支持，实现实体工程的数字化交付（图 3-59）。

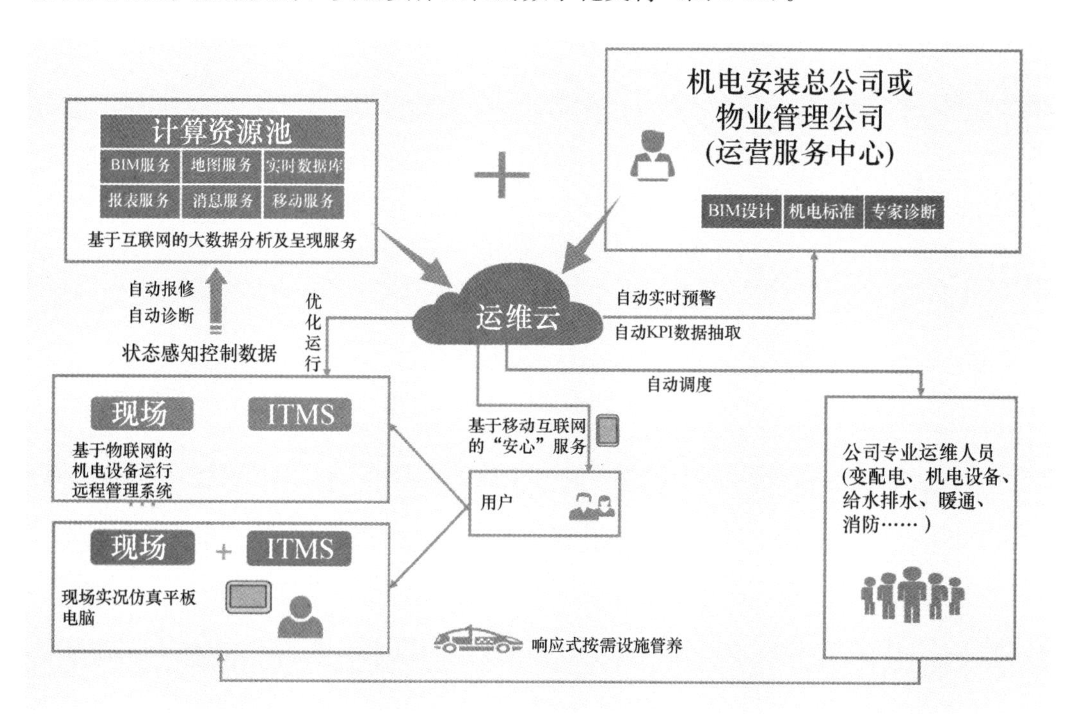

图 3-59　数字化竣工运维交付

在运维阶段，对物业管理服务、停车场运营管理服务、学术交流中心运营管理服务的运维计划、进展及执行情况进行全局掌控和监督管理，保障校园日常设施管理工作的正常开展。通过信息化系统在线监测设备资产的运行状态，发现故障异常报警及时进行处理，提高突发事件的联动响应和指挥调度能力。融合校园海量运维数据，从中挖掘有价值的信息，充分发挥数据价值，在设备、维保、安防、能耗等方面进行大数据创新应用，提高西湖大学智慧运维能力（图 3-60）。

通过运维信息化的深入应用，西湖大学智慧工地系统将作为西湖大学项目数字化交付平台、设施运维管理平台、创新应用支持平台，为校园工程在智慧运维领域积累了经验。

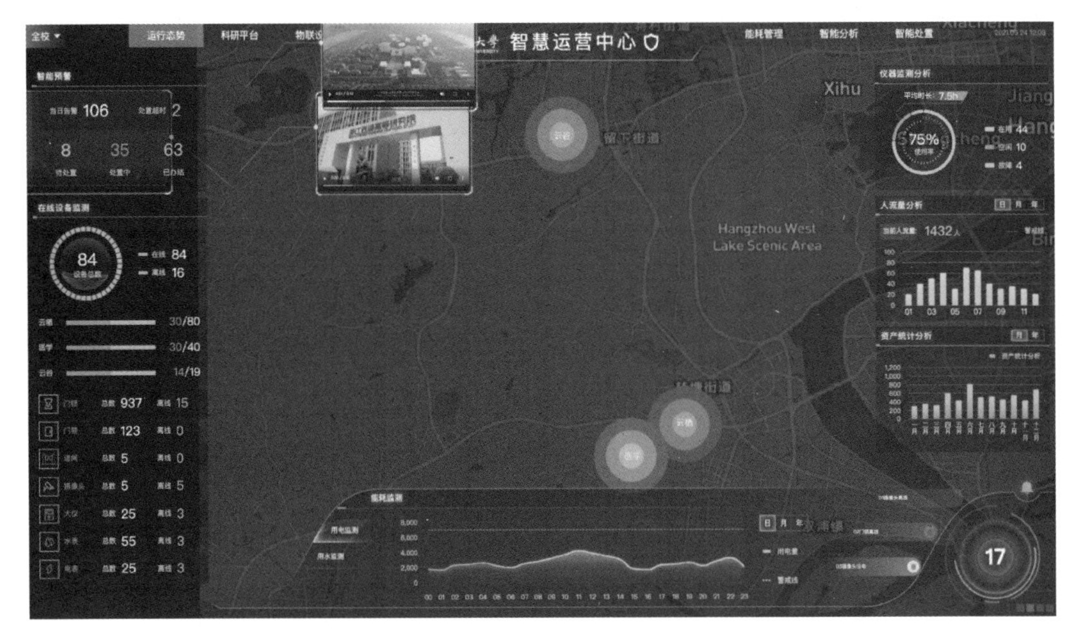

图 3-60　智慧运营中心管理系统

3.8.3　应用实施效果

（1）形成可模块化配置项目级应用平台

通过本项目的信息化实践，验证智慧工地信息化建设在项目层级应用模块的可配置性，并形成相关设置功能。针对不同体量、不同需求的项目，宜能根据项目的实际使用程度对模块进行个性化配置。一方面避免功能冗余，保持界面精简，便于操作；此外，可控制项目成本，争取每个项目在各自预算内都能应用智慧工地，最大限度地满足项目需求。

（2）促进项目管理能效提升

本项目通过智慧工地的建设，构建具备“数据采集—信息记录—数据分析—快速反应”一体化功能的智慧工地平台系统，对人员、车辆、安全、质量、进度、现场以及整个施工建设过程进行全方位、系统性的信息化管理。同时，整合施工现场AI智能监控监测系统，横向覆盖项目管理各个条线，汇集实时信息，形成管理指令，提升项目管理能效，辅助工程顺利实施。

（3）全生命周期的信息集成

项目以BIM模型为基础，对整个“设计—施工—运维”全生命周期进行信息完善，建立辅助运维管理的BIM模型数据库。通过数据库信息查询，掌握构件、设备全生命周期的信息数据，实现对设计原型、产品生产和现场施工安装情况的信息追溯，形成项目竣工交付成果数据包。

（4）树立行业示范样板工程

西湖大学的 BIM 和信息化工作，对智慧建造与智慧运维作出前沿探索，促进了上海建工在项目管理方面的能效升级，同时也为企业全生命周期服务商综合能力的提升、创新知识体系的积累打下了坚实的基础，并成功树立了一个里程碑式的示范样板工程。

3.9 浦东机场南下项目协同施工管理平台

3.9.1 工程概况

浦东机场四期工程是上海国际航空枢纽建设的关键性工程，工程最核心部分是在卫星厅南侧建设一个面积达 119 万 m^2 的 T3 航站楼，设计保障能力 5000 万人次；同时建设一个面积达 103 万 m^2 的交通中心，航站楼与交通中心采用上下叠合方式融为一体，旅客可在此实现零换乘。其中，浦东机场 T3 航站楼地下交通枢纽综合体工程是浦东机场 T3 航站楼工程的地下部分，将成为实现多条轨道交通换乘的重要载体（图 3-61）。

图 3-61　浦东机场四期工程现场施工图

3.9.2 应用内容及方法

本项目自 2021 年底开工以来，从建设的全过程、工程的全生命周期采用了数字化施工管理平台，通过利用基于物联网、BIM、人工智能、大数据、混合现实等新一代信息技术，探索出了一条建筑全过程标准化管理新模式，以科技创新驱动管理技术进步，以管理实践提升项目数字化应用效能。目前本项目共策划、研发并应用涉及安全、质量、技术、工程、合约、综合 6 大模块 58 项信息化应用，开发了集标准化施工工序管理、混凝土物料信息化管理、智慧云教育平台、信息化指挥中心等于一体的数字化施工管理平台，形成了具有“总承包、总集成”管理特色的智能化建设成果，确保了工程的高效安全建造（图 3-62）。

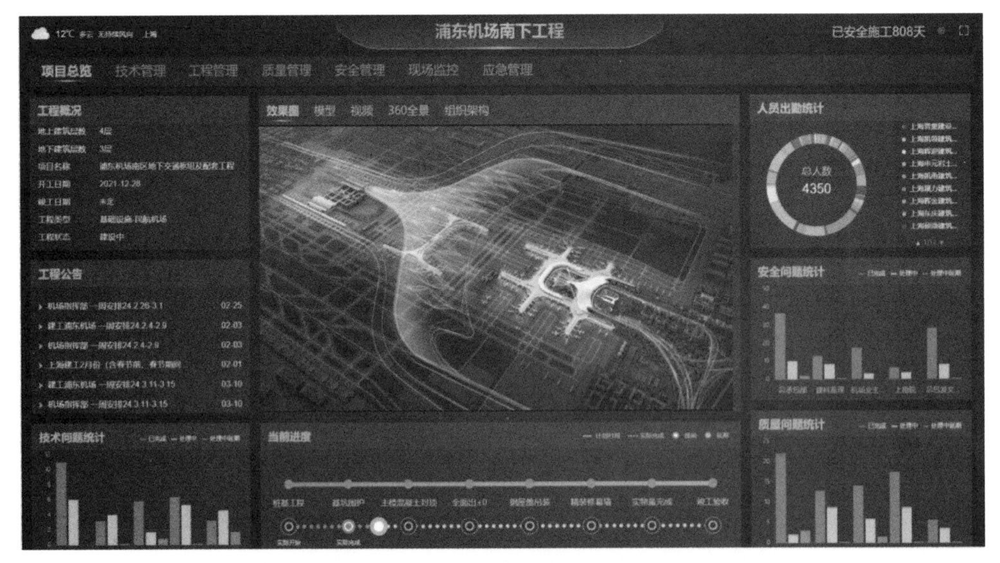

图 3-62 数字化施工管理平台界面

(1) 标准化施工工序管理系统

针对本项目在桩基围护阶段近 2 万根灌注桩、1000 幅地下连续墙带来的工序验收繁杂、过程资料难整理等问题，自主研发标准化施工工序管理系统，实时采集并记录施工过程中的质量控制参数。现场管理人员根据工序验收节点实时将现场各类验收信息，通过平台内工程 BIM 模型所匹配的位置上传，平台统一整合并汇总，形成工程数字化模型（图 3-63）。

(2) 混凝土物料信息化管理系统

为实现混凝土物料的全流程数字化管理，项目开发了一套混凝土物料信息化管理系统，包括基于 BIM 模型自动创建下料台账、线上下料发料、扫码签收/转料/退车混

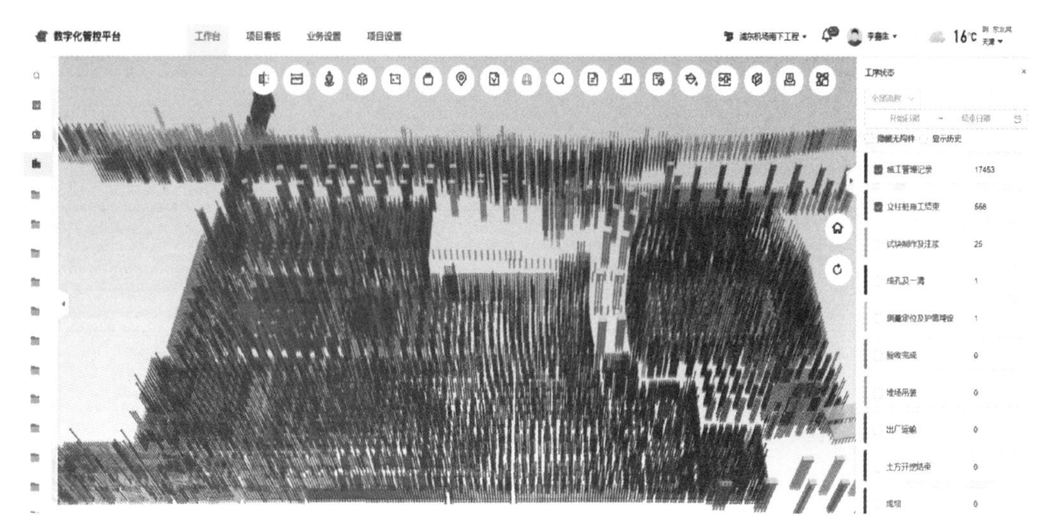

图 3-63 标准化施工工序管理系统

凝土、后台数据多维度统计等（图 3-64）。

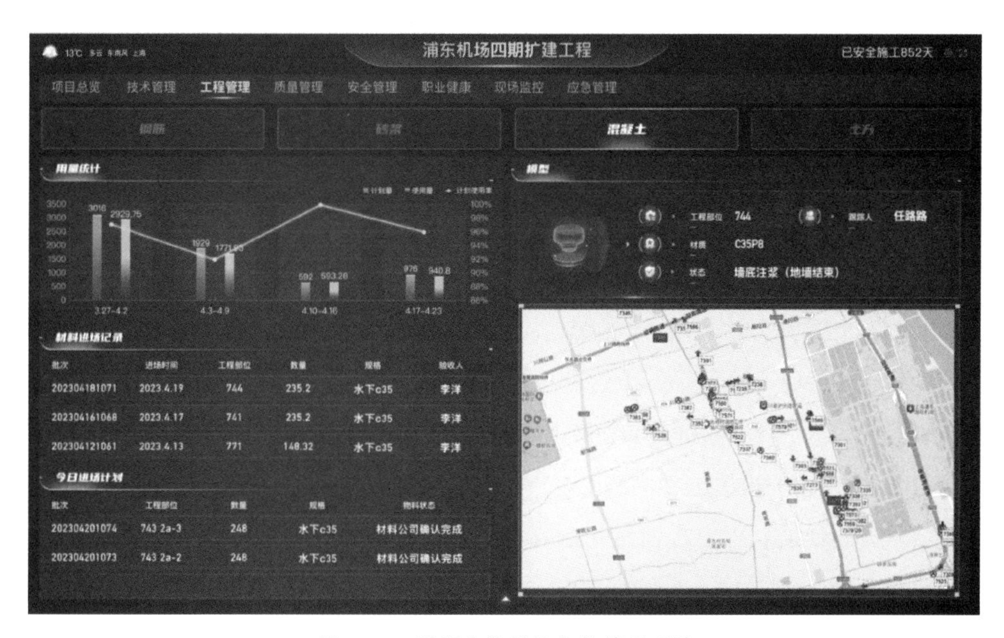

图 3-64 混凝土物料信息化管理系统

（3）智慧云教育平台

项目开发了智慧云教育平台，实现了全员参与线上安全教育，提升了务工人员安全防护意识和自救能力，累计积分 75000 余分，工人凭积分可在机场建设者小镇兑换消费券。同时，项目基于劳务实名制信息库，进一步挖掘人员实名信息的管理方式，对现场务工人员实施“二维码帽贴”准入制度，将包含历史奖惩记录在内的劳务人员信息跨项目数据共享，以交底扫码、现场巡检、AI 识别等多渠道动态校核现场考勤记录（图 3-65）。

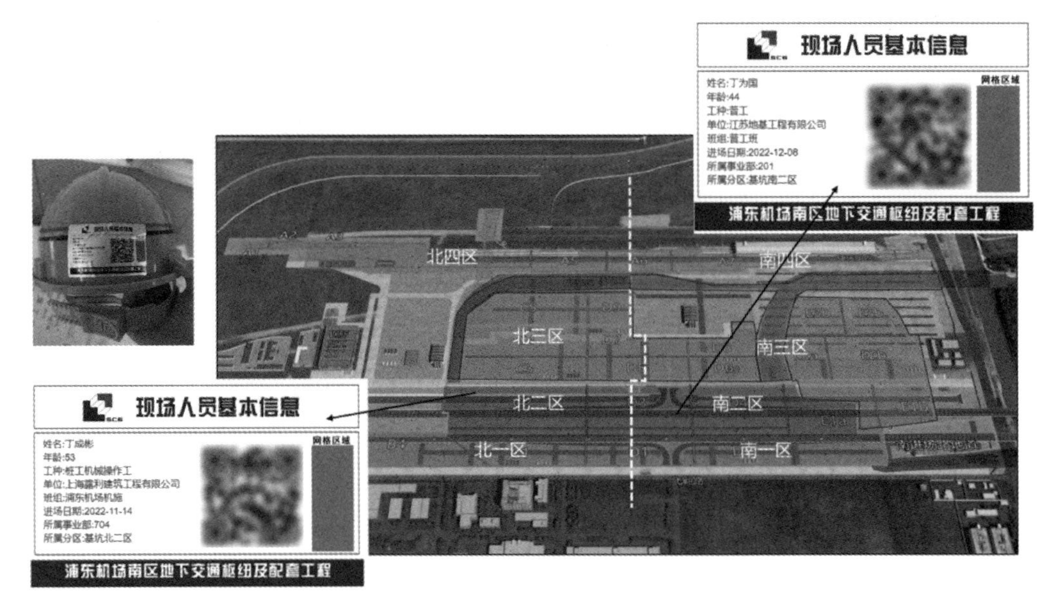

图 3-65　智慧云教育平台

(4) 土方车调度运输管理系统

为实现 790 万 m^3 土方的有序运输，项目部自主研发了 SCG-TUN 超远距离大功率网桥与网桥放大镜组合设备，使相距十公里互不相通的工地现场和卸土点在云端服务器上串联形成一个整体，解决外来土方问题。同时研发了基于超网桥 ETC 的工地—卸点智能进出控制系统，实现了在管理手段上的突破，土方车进卸土区进的车闸时，扫到车牌且只有 45min 预约记录内的才会自动抬杆，没有自动抬杆的报工程部进行劝返（图 3-66）。

(5) 信息化指挥中心

在群坑开挖阶段，建立了信息化指挥中心，通过将全场监控数据、基坑监测数据、塔式起重机智能化监测数据、现场劳力数据、单兵作战巡视数据等全部接入指挥中心，由总承包及事业部 24h 值班人员对各类数据的自动预警进行实时反馈至现场各区域负责人，达到隐患发生前的清理（图 3-67）。

3.9.3　应用实施效果

通过项目信息化管理平台，加强了对“人机料法环”全方位管理，提升现场管控力度。项目协同施工管理平台实现了项目全过程数据的精确高效采集与存储，形成的大数据库为决策层精准施策、科学管控提供了依据，提高了项目管理水平。项目协同

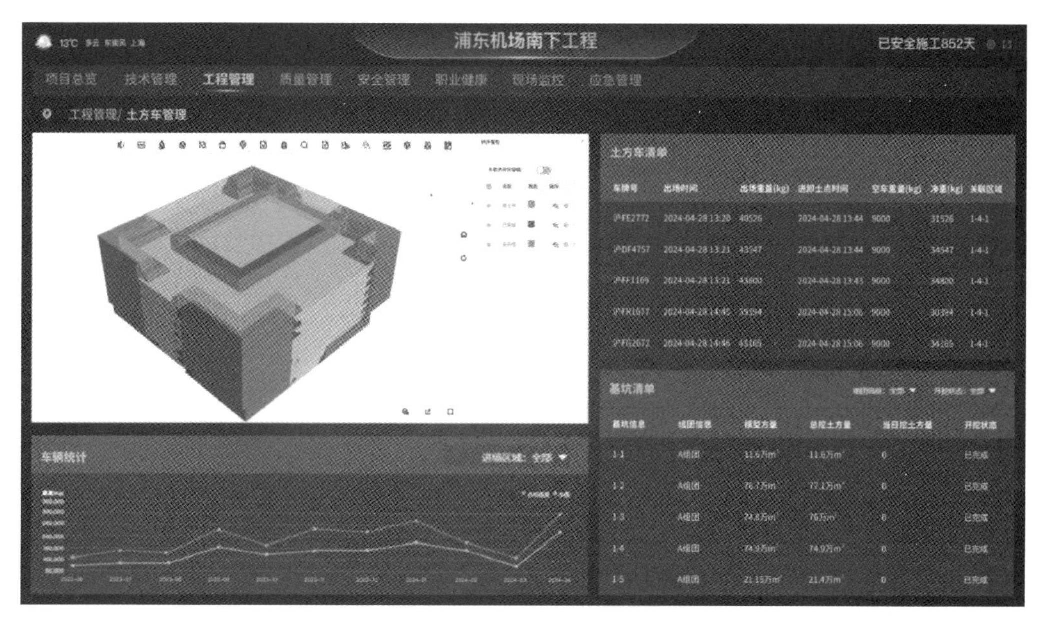

图 3-66　土方车调度运输管理系统

图 3-67　信息化指挥中心

施工管理平台的应用取得了较好的经济效益，仅在 BIM 设计、信息化管理、高效沟通等方面取得的直接及间接经济效益达 760 余万元。

3.10　长三角一体化绿色科技示范楼运维平台

3.10.1　工程概况

长三角一体化绿色科技示范楼旨在达到国际一流的绿色建筑标准，成为全球领先的绿色建筑示范工程。该项目总建筑面积为 11782m^2，其中地上 5 层用于科研办公，

面积约为 $6973m^2$；地下 2 层设有车库及设备用房，面积约为 $4809m^2$。项目还包括 $718.6m^2$ 的绿地，绿地率为 21%。在产业联动过程中，该项目以科技引领，展示了顶尖的施工工艺（图 3-68）。

图 3-68 项目建筑外形图

3.10.2 应用内容及方法

智慧运维平台作为该绿色建筑管理的"大脑"，综合采用了物联网、BIM、大数据等技术，通过采集、计算、应用三个层级，实现智能诊断、子系统的互联互通。集成了设备管理、能效管理、环境管理、安防管理和物业管理等应用模块。

该运维平台通过对 BIM 模型进行轻量化处理，精确编码建筑空间与设备，录入设备编号、型号、性能参数及厂家信息。与机电设备管理模块连接后，用户能够实时查看设备全生命周期信息，如维护和维修记录，并通过可视化界面直观展示设备运行状态、故障报警及运行参数。能效管理通过实时监测用水、用电和光伏发电量，对能耗进行精准评估，并优化用能策略。环境管理利用高精度环境检测设备实时监控温湿度、二氧化碳、一氧化碳、甲醛、$PM_{2.5}$ 和 PM_{10} 等参数。系统依据绿色建筑标准和人体舒适度需求，智能评估环境质量，并在检测到超标情况时，自动调度空调系统进行调节。安防管理模块集成视频监控和入侵报警系统，实现对重点区域的实时监控，并在异常情况发生时即时报警，确保安全事件得到迅速处理。物业管理功能涵盖工单管理、巡检管理、预防性维护、设施设备台账、库存管理、故障提醒和应急预案等，支持事件的演练和快速资源整合，提升应急响应能力[16]。

3.10.3　应用实施效果

智慧运维平台通过集成建筑的 BIM 系统、冷热源、通风空调和视频监控等系统，实现了关键数据的汇总与业务整合。这种集成显著提升了数据的准确性和业务协同效能。平台内嵌的绿色建筑标准评价模型、设备故障诊断预测模型和供能地热平衡模型等多种智能算法，提供了精准的节能评估、设备维护和能源优化支持，显著提高了建筑运维的效率和效果（图 3-69）。

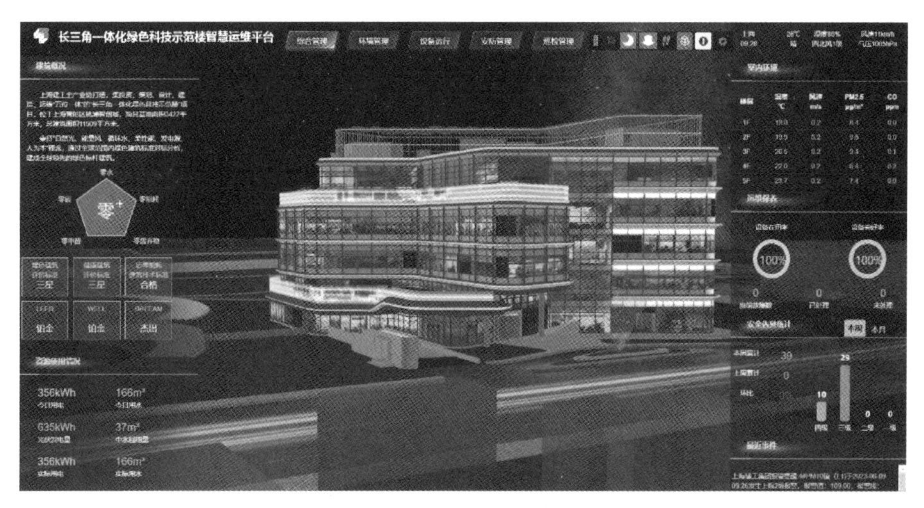

图 3-69　运维平台综合页面

基于 BIM 的数字孪生系统提供了智能可视化运维场景，在机电设备管理方面，平台通过实时监测设备运行参数，并与历史数据比对，能够智能诊断异常工况，实现提前处理，当设备异常或报警时，系统自动定位相关 BIM 模型，帮助运维人员迅速响应，大幅提升了故障处理和应急响应效率。此外平台内嵌模型可根据季节、气候和时间等因素，系统优化地源热泵和空调系统的运行策略，前瞻性地调整运行模式，实现低碳运维（图 3-70）。

空间及环境管理模块通过直观展示建筑功能分区和空气质量，在检测到异常时自动发出联动调节指令，确保室内环境始终保持在健康和舒适范围内，提升了建筑的绿色运维水平。平台对建筑内用水、用电进行详细的分项和分楼层计量分析，与历史数据对比，精准诊断用能异常，挖掘节能潜力（图 3-71、图 3-72）。

整体而言，该平台通过数据分析、智能诊断和主动报警，显著降低了能源消耗和人力成本，延缓了设备性能衰减，提高了室内环境质量，为建筑行业的绿色化和科技化进步做出了重要贡献。

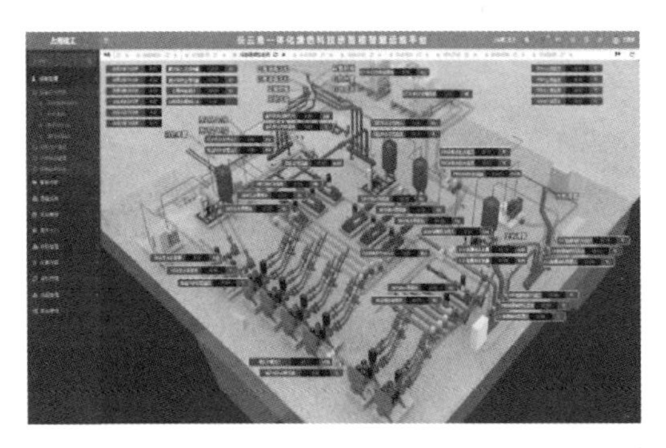
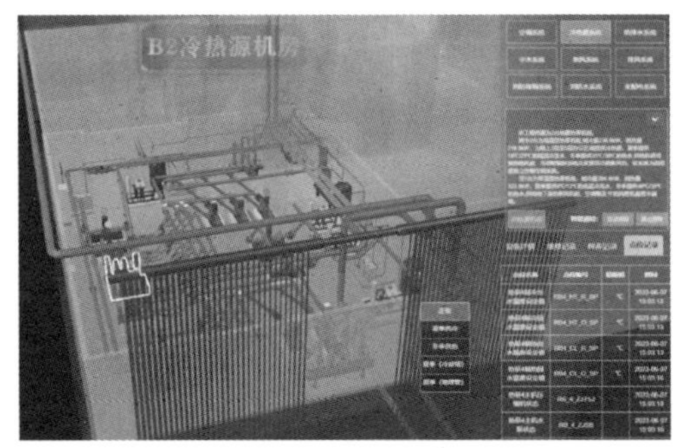

图 3-70　机电系统运维页面

图 3-71　空间及环境管理

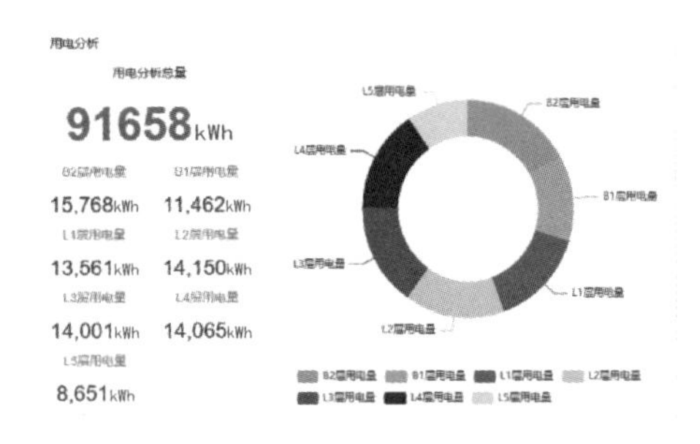

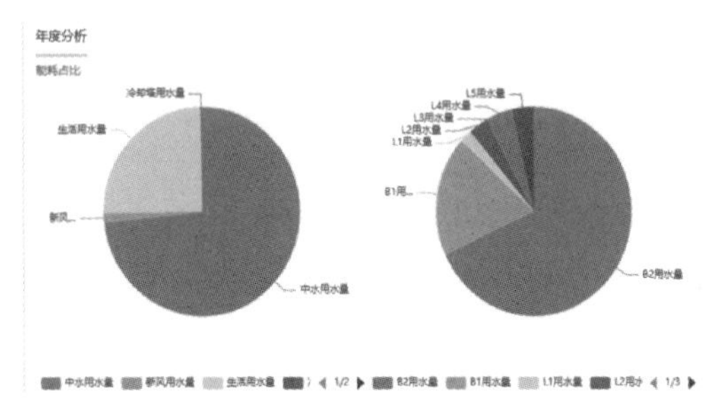

图 3-72　用能计量与分析

第 4 章 智能建造发展方向

智能建造是融合以“三化”（数字化、网络化和智能化）、“三算”（算据、算力、算法）为特征的新一代信息技术和工程建造技术，在工程中利用人工智能技术完成复杂建造工作的一种新型生产方式。随着智能建造的不断深入发展与应用，面向数据驱动和智能决策的工程大数据、面向设计施工效率提升的人工智能算法、面向全产业链一体化的工程软件与平台、模块组合式智能建造工业化装置与机器人将成为未来的发展方向。

4.1 面向数据驱动和智能决策的工程大数据

建筑行业工程大数据应用有很多方面需要突破，主要有三个关键问题亟待解决，即工程数据的自动采集、挖掘分析、项目应用等。在工程数据采集方面，传统生产数据采集主要依靠人工方式，未来研究可以更多借助传感器、物联网等技术，实现部分相对数据自动化获取，提高工程数据采集的实时性和精确性。在工程数据分析方面，对于工程产生的大规模数据，未来需要制定标准化数据处理流程，研发有效的数据处理工具和技术，提高数据的可用性和质量，提升数据分析的真实性和准确性，对于工程大数据集中有效信息的提取需要运用数据挖掘和机器学习等技术来发现数据中隐藏的有意义的模式和趋势。在工程数据应用方面，未来需要加强工艺数据链在深化设计、施工策划、工厂生产、现场管理等关键环节的应用，推动工程建造和管理提质增效。

4.2 面向设计施工效率提升的人工智能算法

机器学习和深度学习等人工智能算法在工程定位与建图、现场安全监测、机器人装备控制等方面具有广泛应用价值，可以为建筑工程提供一种数据驱动的智能化解决方案。在定位与建图方面，后续研究可以通过里程计估计（Odometry Estimation）、建图（Mapping）、全局重定位（Global Localization）、同步定位与建图（Simultaneous Localization and Mapping）等算法，有效利用工程数据和计算模型方程来解决机器人运动定位和工程环节建图中的难题，实现适应建筑工程现场复杂环境的机器人自主定位导航。在工程现场安全监测方面，后续研究可以通过引入 YOLO 系列算法、CNN-LSTM 算法、密集轨迹算法等机器视觉算法对现场施工人员状态类和动作类的行为进行监测识别，提高施工人员危险行为监测与识别准确率和效率。在建筑机器人控制方面，后续研究可以通过引入插值算法和样条曲线算法等轨迹规划算法，PID 控制算法、模糊控制算法和神经网络控制算法等运动控制算法，阻抗控制算法和力/位混合控制算法等力控制算法，提高建筑机器人工作效率和作业精度。

4.3 面向全产业链一体化的工程软件与平台

面向建筑领域工程建造项目实际需求以工程应用为主导开展工程软件技术研发和产品化，未来科技攻关主要有三个方向：一是面向工程现场人员、设备、作业等安全智能化管控，通过工程大数据、物联网、智能算法等人工智能技术应用，研发工程现场实时监控管理软件平台，提高工程安全管理效率。二是面向工程深化设计、生产加工、施工安装等工艺环节智能化提升，研发智能深化设计软件、智能加工控制系统、虚拟现实可视化施工交底平台等赋能工程实施全过程的技术工具和软件平台，提高建造效率和质量。三是面向建筑机器人在工程现场的实际落地应用，基于工艺数据链应用和自主学习、规划与执行等人工智能算法研究，开发智能控制系统软件平台，打通机器人作业路径与现场作业和环境信息协同，提高建筑机器人协同作业效率。四是加强顶层规划设计，做好可模块化组合式专项软件系统与集成平台的统筹发展规划，类似小系统可组成大系统的发展思路，减少重复开发工作，实现全产业链软件系统与平台的标准模块化组合式开发与应用。

4.4 模块组合式智能建造工业化装置与机器人

建筑领域智能建造工业化装置与机器人研发，未来科技攻关主要可以面向需求挖掘、共性技术、系统集成、顶层设计、迭代升级五个方向。一是根据工程实际需求挖掘工程欢迎的智能化应用场景，重点面向“危、繁、脏、重”等人员不便于作业或不便于去的高风险建筑施工作业场景，研究适应地基基础、主体结构、安装工程、装饰工程等不同建造过程的可模块化拼装式智能装置与机器人开发策略和设计方案。二是建筑机器人关键共性技术研究，可以对建筑机器人多关节设计理论、负载能力优化方法、路径规划算法、自主学习规划与执行智能算法研究，提升建筑机器人复杂环境适应性，实现智能导航、避障、控制功能。三是建筑机器人系统集成研究，对建筑机器人机械臂、AGV、精密传感器、高效执行机构、智能控制器以及先进通信接口等零部件的质量智能管控技术进行研究。四是做好顶层规划设计，统筹一批可模块化组合的智能装置与机器人，类似若干小装置能组合拼装成大装备的发展思路，实现智能装置与机器人施工的协同和高效利用。五是做好智能装置与机器人再设计迭代升级，加速智能装置与机器人等建造装备的全面迭代升级，促进核心算法的精细化优化、软/硬件系统更新，加快行业标准构建。

参 考 文 献

［1］ 丁烈云．数字建造导论［M］．北京：中国建筑工业出版社，2019．

［2］ 龚剑，房霆宸．数字化施工［M］．北京：中国建筑工业出版社，2019．

［3］ 丁烈云，龚剑．BIM 应用 · 施工［M］．上海：同济大学出版社，2015．

［4］ 房霆宸，龚剑．建筑工程数字化施工技术研究与探索［J］，建筑施工，2021 年，43（6）：1117-1120．

［5］ 房霆宸．智能化建造技术的研究与探索［J］．建筑施工，2022，44（1）：163-164．

［6］ 房霆宸，龚剑．数字化施工到智能化施工的研究与探索［J］．建筑施工，2021，43（12）：2594-2595．

［7］ 程大章．智能建造为智慧城市注入活力［EB/OL］．http://www.chinajsb.cn/html/202008/18/12848.html．

［8］ 李虎啸．基于智能建造的钢构件加工关键技术研究［D］．济南：山东建筑大学，2024．

［9］ 房霆宸，龚剑，朱毅敏．超高结构建造模架装备技术发展研究［J］．建筑施工，2022，44（5）：997-1001．

［10］ 龚剑，房霆宸．整体钢平台模架装备技术研发及应用［J］．建筑结构，2021，51（17）：141-144，42．

［11］ 龚剑，房霆宸，冯宇．建筑施工关键风险要素数字化监控技术研究［J］．华中科技大学学报（自然科学版），2022，50（8）：50-55．

［12］ 周诚，陈健，周燕．智能工程机械与建造机器人概论（机械篇）［M］．北京：中国建筑工业出版社，2024．

［13］ 房霆宸．浅谈建筑机器人的研发与应用［J］．施工企业管理，2024，（9）：59-61．

［14］ 崔满．西湖大学项目智慧工地信息化探索和实践［J］．建筑施工，2020，42（9）：1814-1816．

［15］ 张旭，郭洪占，陈涛，等．基于 BIM 技术的施工阶段管理平台开发与应用研究［J］．中国建筑装饰装修，2024，（12）：62-64．

［16］ 朱敏，朱贇．绿色建筑智能化运维平台设计实施［J］．安装，2024，（6）：81-83．